꽃보다
타이베이

일러두기
- 표지에 실린 타이베이 지도와 타이베이 지하철(捷運, MRT) 노선도는 타이완 관광청에서 제공받았습니다.
- 이 책에 수록된 '아는 만큼 즐거운 타이베이'는 한국 독자들을 위해 저작권사의 동의를 얻어 편집부에서 덧붙인 것입니다.
- 인명·지명 등의 외래어 표기는 국립국어원에서 규정한 외래어 표기법을 따르는 것을 원칙으로 했으나,
  다음과 같은 경우 독자의 이해를 돕기 위해 한자어의 한글 독음을 그대로 사용했습니다.
  노선을 의미하는 선(線), 장소의 특성을 알 수 있는 사(寺), 궁(宮), 성(城), 항(巷) 등은 한글 독음을 외래어로 표기한 고유명사에 붙여 표기했습니다.
- 단행본·신문·잡지는 『 』, 전시·공연·영화 제목은 〈 〉로 묶어 표기했습니다.

로컬들이 추천하는
타이베이의 맛과 멋

꽃보다
타이베이

앨리스

아시아의 숨은 보석, 타이베이로 초대합니다

타이베이, 다양한 매력으로 가득한 이 도시는 비록 그 면적은 넓지 않지만, 각 구역마다 고유의 풍격과 맛, 색채를 띠고 있다.

린썬베이루林森北路에서는 마치 일본에 온 듯 화려한 거리를 만나고, 그 인근의 풍나무 향 가득한 중산베이루中山北路에서는 여유로운 오후의 산책을 즐길 수 있다. 거기에서 북쪽으로 발길을 돌리면 톈무天母, 베이터우北投, 단수이淡水 지역이 인접해 있는데 각각 미국과 일본, 네덜란드의 통치를 받던 옛 역사의 흔적을 간직하고 있다. 거리 곳곳에 새겨진 그 시절의 흔적들이 오가는 여행객들의 시선을 사로잡는다. 남북을 관통하는 단수이선淡水線을 다 걷고 나면 다른 노선들도 찬찬히 둘러보도록 하자. 반난선板南線 서쪽 구역으로 가면 오랜 역사와 전통적인 멋을 느낄 수 있는 룽산사龍山寺와 시먼딩西門町이, 동쪽 구역으로 가면 고층 빌딩이 늘어선 세련된 도시가 기다리고 있다. 신루선新蘆線에서는 타이베이 사람들의 일상이 고스란히 담겨 있는 융캉제永康街와 민간 신앙의 성지 싱톈궁行天宮을 만나고 원후선文湖線 남쪽 마

오쿵^{猫空}에서는 차를 음미하고 자연 풍광을 감상한다. 신뎬선^{新店線}으로 오면 음악과 커피 향 가득한 대학가와 궁관^{公館}에서 청춘들의 진취적인 기상과 열정을 느낄수 있으며, 남쪽 구역에서는 고향을 떠나온 이들의 향수를 달래주는 난먼^{南門}시장의 먹음직스러운 음식들을 만날 수 있다.

시 외곽으로 가면 단수이의 옛 거리 구푸^{古榫}와 주펀^{九份}을 만날 수 있는데, 옛 타이완의 정서를 가득 품고 있는 이곳의 계단을 오르는 것만으로 마치 시간 여행을 하는 듯한 재미에 젖는다. 핑시^{平溪}의 철로를 따라 가노라면 인정 넘치는 그 시절의 모습이 손에 잡힐 듯 생생하게 느껴진다.

구석구석의 숨은 명소를 지하철 노선으로 쉽게 알려주는 이 책을 따라 타이베이로 떠나보자.

차례

단수이선 淡水線

Taipei Trip

뱌오딩
表町

01 백 년의 역사 속으로

MRT
타이베이 역
타이다의원台大醫院 역
시먼西門 역

The special Po ai area

일제강점기에 '뱌오딩表町'이라 불렸던 관첸루館前路 일대는 타이베이성台北城의 얼굴이라고 할 수 있다. 당시에는 고층 건물이 많지 않았던 까닭에 역을 나서자마자 위용을 자랑하며 서 있는 고다마 고토 기념관(현재 얼얼바허핑공원에 있는 타이완박물관)이 여행객의 시선을 사로잡았다. 높은 빌딩이 즐비하게 들어선 지금도 타이다의원의 옛 건물이나 중후한 멋의 타이완은행, 일제강점기에 가장 높은 건물이었던 총통부 등 옛 건물들이 여전히 제자리를 지키고 있다.

관첸루에서는 이처럼 역사의 여운을 돌아볼 수 있다. 그 외에도 충칭난루重慶南路에서는 책의 거리를 구경하고, 헝양루衡陽路에서는 상하이의 풍속을 느껴볼 수 있으며, 밍싱카페明星咖啡에 들러 짙은 문학의 분위기에 젖어볼 수도 있다.

일제강점기에 충칭난루 일대는 '번딩(本町)', 보아이루는 '징딩(京町)', 헝양루는 '룽딩(榮町)'으로 불렸다. 이 책에서는 뱌오딩, 즉 현재의 관첸루 일대의 명소와 상점을 두루 소개하고자 한다.

방송정

보아이 특구博愛特區의 옛 건축물

타이베이성 남쪽에 위치한 보아이 특구 거리는 청조淸朝 때 관청이 모여 있던 곳으로, 남다른 풍격을 자랑하는 옛 건물들이 즐비하다. 그중 대표적인 명소 몇 곳을 소개한다.

• 총통부總統府

일제강점기에 '총독부總督府'로 불렸던 총통부는 빅토리아 양식으로 지어진 붉은 벽돌 건물이다. 정문 입구가 일본이 있는 방향인 동쪽을 향하고 있으며, 총통부 평면도를 공중에서 조감하면 '日' 자로 보이도록 건축되었다는 점에서 일제강점기의 군국주의를 발현한 건물이라 할 수 있다.

• 타이다의원 구관

일제강점기에 타이베이병원台北病院으로 불렸던 타이다의원은 건축 당시 신고전주의와 빅토리아 양식의 영향을 받아 건물 조각 장식이 매우 화려하다. 삼각형 모양의 박공지붕과 작고 둥근 창, 타원형 장식 및 포도송이 모양으로 장식된 기둥 등 볼거리가 넘친다.

• 타이완은행

타이완은행의 1층은 화강암으로 되어 있고, 2층과 3층은 정면이 안으로 살짝 들어가 있어 전체적인 외관이 매우 중후하고 멋스럽다.

유명전이 지방 장관격인 순무(巡撫)로 타이완에
부임했을 때, 그 관청을 옌핑난루(延平南路)
입구에 세웠고, 그런 이유로 이 길의 옛 이름이
푸타이제(撫臺街)가 되었다.

•푸타이제양러우 撫臺街洋樓

백 년 역사를 간직한 푸타이제양러우는 한 채 한 채
줄지어 서 있는 다다오청大稻埕의 서양식 건물들과 달리
끊임없이 오가는 차들 사이에 홀로 우뚝 서 있다. 처음
에는 일본 기업의 사옥이었다가 식당으로 바뀌었고, 계
엄 해제 후에는 군인의 숙소로 사용되었다. 재건 과정
에서 불이 나 건물의 일부가 유실되기도 했지만 정부
가 타이완 전나무, 치리안哩岸 지역에서 나는 치리안
석哩岸石, 동판 기와 등의 자재를 사용하여 옛 모습
을 복원해냈다. 1층에서는 양러우의 옛 모습을 관람
할 수 있으며 2층에서는 유명전劉銘傳,1836~96 시절의 근
대화 건설, 일제강점기의 성내 설계도 등 타이베이성
을 주제로 한 특별 전시가 이어지고 있어 작은 박물관
이라 해도 과언이 아니다.

•중산당 中山堂

일본이 세운 공회당을 공연장으로 개조하면서 중
산당으로 부르게 되었다. 극장으로 설계된 로비
는 콘서트, 연극, 영화제 등 문화예술 공간으로
활발히 사용되고 있다.

•얼얼바허핑공원 二二八和平公園

얼얼바허핑공원에는 타이완박물관, 얼얼바기념비,
타이완 라디오 방송국의 방송정放送亭, 옛 기관차, 정
절문 등 역사적인 볼거리들이 가득해, 청나라 말부터
일제강점기를 거쳐 광복에 이르기까지의 타이완의 근
대사를 한눈에 볼 수 있다. 공원 안의 얼얼바기념관은
원래 타이완 라디오 방송국으로 쓰였던 곳이다. 타이
완에서 라디오 방송은 1930년대부터 전파를 타기 시
작했으나, 당시에는 비싼 라디오 기기 값과 수신료 때

* 1947년 2월 28일 중화민국 정부 관료의 폭압에 맞서 타이완 내 본성인(本省人)들이 일으킨 항쟁

문에 일반 국민이 모두 듣기는 어려운 형편이었다. 타이완 라디오 방송국은 이런 상황을 고려하여 공원 안에 '방송정'을 설치하고 정책 강령과 뉴스를 전했다. 1945년 일왕의 항복선언문, 1947년에 일어난 2·28사건* 등이 바로 이 방송정을 통해 국민의 귀로 전해졌다.

푸통푸통 여행 Tip

궁위안하오(公園號)의 쏸메이탕(酸梅湯)

뜨거운 햇빛 아래 얼얼바공원을 걷다 보면 온몸이 땀에 젖고, 얼굴은 붉게 달아오른다. 바로 이때가 이곳의 유명한 음료인 쏸메이탕(매실 음료)을 한잔할 시간이다. 광복 직후 문을 연 궁위안하오의 쏸메이탕은 타이베이 토박이들의 추억 속 음료로 매실, 계수나무 꽃 등을 약한 불에 끓여 만드는데 새콤달콤한 맛이 일품이다.

좁은 골목골목 발길을 사로잡는 먹을거리

고적 순례가 끝났으면 배를 채울 시간이다. 청중시장城中市場과 위안링제沅陵街는 주로 나이 든 고객이 몰리는 곳이었지만, 최근에는 난양제南陽街 학원가의 젊은 학생들도 맛집을 찾아 이곳으로 몰려들고 있다. 타오위안제桃源街에 가면 정통의 맛을 자랑하는 라오왕지뉴러우몐老王記牛肉麵과 자오지차이러우훈둔趙記菜肉餛飩을 만날 수 있으며, 보아이루博愛路에서는 오랜 전통을 자랑하는 스윈빵집世運麵包의 맛있는 빵과 디저트를 즐길 수 있다. 우창제武昌街에는 밍싱카페와 신둥양新東陽 1호점이 있다. 이어 소개할 두 곳은 자칫하면 모르고 지나치기 쉬운 작은 식당이다. 헝양루의 건물과 건물 사이에 어깨너비의 좁은 골목이 하나 있는데 그 골목 입구에 룽지창궈몐龍記搶鍋麵이라는 간판이

걸려 있다. 30년 전통의 이 가게가 바로 고요하기 그지없는 이 거리에 자리 잡은 무릉도원이다. 대륙 음식에서 흔히 볼 수 있는 조리법 중 하나인 창궈는 재료를 센 불로 빠르게 볶다가 마늘, 생강, 고추 등을 넣어 향을 낸 뒤 작은 솥으로 옮겨 은근한 불에서 푹 끓이는 것이다. 룽지창궈몐은 가지, 달걀, 양배추를 주재료로 사용하고 고기 장을 얹어 만든 국수다. 국물은 다른 국수에 비해 적은 편이지만 쫄깃한 면발이 일반 국수보다 더 입맛을 사로잡는다.

1949년 국민당 정부가 타이완으로 옮겨오면서 형양루 일대에는 상하이 포목상이 모여들었는데, 이와 함께 상하이 음식점도 우후죽순 들어섰다. 반백 년 역사를 간직한 이 작은 노점에서는 전통 방식으로 만든 징후주냥빙京沪酒釀餅을 팔고 있다. 발효한 밀가루 반죽과 갓 치댄 반죽을 섞은 후 막걸리의 일종인 '주냥'으로 발효시켜 굽는 주냥빙은 화덕에서 꺼내는 순간 술 향기와 밀가루 향이 온 거리로 퍼져나가 지나가는 이들의 식욕을 절로 자극한다. 오리지널, 팥, 땅콩과 깨, 녹두, 말린 무와 두부 이렇게 다섯 가지 맛의 주냥빙을 판다. 한 번에 열 개씩 사가는 것은 보통이고 해외에 사는 친지와 친구에게 소포로 보내는 경우도 있다고 하니 그 맛이 어떨지는 가히 짐작할 만하다.

근대문학의 요람, 밍싱카페

농업이 주산업이었던 시대에는 집에 서재를 갖춘 집이 거의 없었고, 외부의 찻집은 대부분 조명이 어두침침했다. 그때 등장한 밍싱카페는 내부 조명이 환하고 공간이 넓으며 손님에게 빨리 나가라고 눈치를 주지도 않아서, 글 쓸 공간을 찾지 못해 힘들어 하던 문인들이 편안한 마음으로 창작 활동을 할 수 있는 장소가 되어주었다. 사장 젠진주이簡錦錐 씨는 이 러시아풍 카페의 역사를 이야기하며 1949년을 회상했다. 당시에 그의 집안은 지팡이, 모자, 돗자리 등을 판매하는 가게를 했는데 차르의 근위병 대장을 지낸 적이 있는 벨라루스인 엘스너가 가게에 들러 지팡이를 사게 되었다. 가족들은 서둘러 고등학교를 졸업한 젠진주이를 불러 손님을 모시게 했고, 그게 인연이 되어 훗날 벨라루스인들과 합자하여 밍싱시뎬카페明星西點咖啡, 일명 밍싱카페를 열게 되었다.

Memo

반공 시절, 젠진주이 씨 가족은 그가 러시아인들과 왕래하는 것을 싫어했다고 한다. 그래서 엘스너가 그를 찾아올 때마다 가족들은 타이완 말로 '집에 없다'고 하면서 그를 내보냈다고 한다. 하지만 그가 집에 없다는 뜻의 타이완 말은 공교롭게도 당시 러시아의 유명인사였던 아치볼드(Archiybold)와 비슷하게 발음되었고, 엘스너는 이 때문에 더욱 이들에게 친밀감을 느끼게 되고 이를 계기로 인연을 쌓아가게 되었다.

러시아식 코스 요리 외에 유자 케이크와 바삭바삭한 호두 알이 든 벨라루스식 캐러멜도 이곳의 간판 메뉴다.

리리(李李), 황춘밍(黃春明), 싼마오(三毛), 바이센용(白先勇) 등의 작가들이 이곳에서 글을 쓰면서, 이곳 밍싱카페는 근대문학의 요람이 되었다.

❶ 푸타이제양러우(撫臺街洋樓)

주소 : 옌핑난루(延平南路) 26호
전화 : (02)2314-5190
영업시간 : 오전 10시~오후 5시(월요일 휴무)

❷ 궁위안하오 솬메이탕(公園號酸梅湯)

주소 : 헝양루(衡陽路) 2호
전화 : (02)2388-1091
영업시간 : 오전 10시 반~오후 8시

❸ 룽지창궈몐(龍記搶鍋麵)

주소 : 헝양루 84항 5호
전화 : (02)2382-2057
영업시간 : 오전 10시 반~오후 2시 반
　　　　　 오후 4시 반~ 8시 반

❹ 징후주냥빙(京滬酒釀餅)

주소 : 충칭난루(重慶南路) 1단(段) 48호 앞
영업시간 : 정오~오후 7시

❺ 밍싱카페(明星咖啡廳)

주소 : 우창제(武昌街) 1단 5호 2층
전화 : (02)2381-5589
영업시간 : 오전 10시~밤 10시
* 애프터눈 티타임 : 오후 2시 반~5시 반

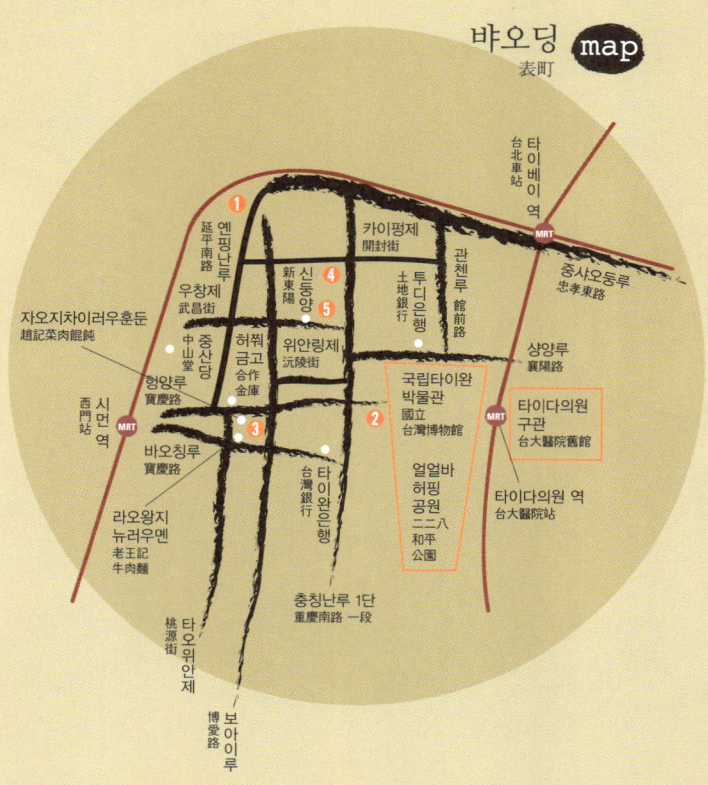

뱌오딩 표町 map

린썬베이루
林森北路

02 불이 꺼지지 않는
    노래와 춤의 거리

MRT
중산中山 역

Lin Seng North Road

밤이 되면 린썬베이루 일대는 또 다른 활기로 넘쳐난다. 일본 관광객들은 선술집, 꼬치가게, 노래방, 음식점이 늘어선 골목에서 떠날 줄을 모르고 타이완 사람들 역시 이곳의 번화함에 매혹되어 쉽게 떠나지 못한다. 목청 높여 노래 한 곡 뽑고 친구들과 삼삼오오 모여 수다를 떨며 낮과 밤의 경계를 잊기에 좋은 곳이다.

탸오퉁條通 골목에서 찾은 일본의 맛

일제강점기에 일본 정부는 다정딩大正町에 자리를 잡았고, 지금의 중산베이루 동쪽에는 교토의 마을 양식을 본떠 지은 공무원 숙소가 있었다. 당시 하급 공무원들이 1탸오퉁에 거주했던 것으로 보면, 최상위급 공무원들은 6탸오퉁에 진주하고, 순서대로 낮아졌을 것으로 보인다. 일본 정부가 물러간 후 1950~60년대에 많은 일본 관광객들이 이곳에 와서 구시대의 정서를 찾았던 까닭에 각양각색의 술집, 여관, 음식점 등이 5~8탸오퉁 일대에 자리 잡기 시작했고, 이어 관광객들도 몰리게 되었다.

쥐주우居酒屋, 선술집는 예전에는 서민들이 찾는 작은 술집이었으나, 이제는 샐러리맨들이 고단한 하루 업무를 마친 뒤 가볍게 이야기를 나누고 술과 음식을 즐기는 장소가 되었다.

린썬베이루에 모여 있는 쥐주우는 저마다 특색을 가지고 있다. 상경尙更의 수타 우룽멘烏龍麵, 위치魚鮨의 초밥, 오키나와 출신의 주방장 겸 사장이 문을 연 허싱和幸 일본 요리 등 모두가 일본 현지의 맛으로 손님을 끌고 있다.

그중 7탸오퉁에 있는 페이첸우肥前屋, 허젠야는 신선한 장어덮밥으로 늘 손님이 끊이질 않는다. 페이첸우는 매일 새벽 싱싱한 장어를 구입하는 것으로 장사를 시작한다. 장어는 주방장의 손에서 굽기, 찌기,

다시 굽기 등 복잡한 과정을 거쳐 부드러운 식감의 감칠
맛 나는 최고의 요리로 거듭난다. 달콤한 소스를 얹은 장
어의 통통하고 연한 살을 밥과 함께 입에 넣으면 더 이상
의 진미가 없다.

페이첸우의 사장은 열아홉 살의 나이에 일본 나가사키
에서 타이완으로 건너와 창업을 하면서 나가사키의 옛
지명인 '히젠肥前'을 가게 이름으로 내걸었다. 창업 초기
에는 홀을 담당하는 직원 하나를 두고 사장 혼자 주방을
맡았으며, 밤에는 가게 안에 딸린 작은 방에서 숙식을 해
결하며 장사를 했다고 한다.

오늘날 이름난 가게로 성공하기까지 40년 동안 유일하게
변하지 않은 것이 있다면 음식의 질에 대한 사장의 고집
이다. 백발의 노인부터 최신 유행 옷차림의 젊은이까지
다양한 연령층의 단골이 있는 걸 보면 이 가게가 손님들
에게 얼마나 많은 사랑을 받고 있는지 짐작할 수 있다.

페이첸우의 장어덮밥은 재료가 신선하고 까다로운 조리 과정을 거치는 덕에
명실상부한 맛을 만들어낸다.

2탸오퉁의 명물, 뤼다오샤오예취綠島小夜曲

남쪽으로 내려와 다정딩 2탸오퉁에 이르면 80여 년 전에 일본 사진가 사사키 지로가 지은 집이 있다. 전쟁 후 그가 일본으로 돌아가면서 목조 가옥을 경찰 숙소로 기증했으나 세월이 흐르면서 건물의 수명도 다해갔다. 타이완의 건축가 중융난鍾永男이 화롄花蓮의 린톈산林田山 고적 복원의 일환으로 이 목조 가옥을 말끔하게 복원하여 사무실로 개조하고, 집 앞에는 나무도 심어 가꾸었다. 그렇게 해서 이 오랜 건물은 함석지붕을 얹고 다시 햇빛을 보게 되었다.

원래 모습을 그대로 살리기 위해 중융난은 정성을 기울여 가옥의 역사를 연구하고 모든 기둥의 상황을 측량했다. 그런 뒤 목공 기술이 뛰어난 스승에게 가르침을 청해 대나무를 엮은 회반죽 벽과 전통적인 일본 양식의 대들보, 높은 마룻바닥은 그대로 보존하고, 목조 건물의 강도는 강화했다. 복원이 끝난 후 건물 1층은 카페로 개방해 타이완 곳곳의 풍경을 담은 사진과 그림, 디자인 작품 등을 전시하고 있다. 또한 비정기적으로 음악회를 열어 옛 건물에 역사의 흔적과 함께 예술과 문학의 풍취를 입혀가고 있다.

아기자기한 잡화의 천국, 미리·원스 米カ·溫事

2탸오퉁의 첫 번째 골목 안에는 세 개의 작은 골목이 연결되어 있는 낡은 집이 한 채 있는데, 이곳이 작가 미리와 그녀의 남편이 경영하는 허펑和風 생활용품점이다. 미학적인 설계에 뛰어난 이들 부부는 낡은 목재를 사용해 2층 다락방 공간을 삽화와 생활 도자기를 전시할 수 있는 작은 미술관으로 탄생시켰다.

1층에는 부부가 일본 각지를 여행하며 수집한 물건을 진열했다. 아담한 가게 안에는 금속과 소가죽을 가공해 만든 고급 카메라케이스, 디아볼로와 비슷한 일본 실감개 등 아름다운 디자인의 오래된 물건들이 가득하다. 부부는 이 물건을 만들었던 옛날 사람들은 빨리, 대량으로 소비하는 오늘날의 소비 방식과는 달리 내구성과 실용성을 고려하여 물건이 망가지면 수리해서 오래 사용할 수 있도록 만들었다고 이야기하며 이런 아름다운 생활용품들이 이곳에서 새 주인을 만나 새로운 생명을 얻었으면 좋겠다고 가게를 운영하는 이유를 설명했다. 물건들을 사용하게 될 사람들의 마음에 가까이 다가가기 위해 가게 안의 물건들은 대부분 테스트를 거쳤다.

❶ 페이첸우(肥前屋)

주소 : 중산베이루(中山北路) 1단 121항 13-2호 1층
전화 : (02)2561-7859
영업시간 : 오전 11시 반~오후 2시 반
5시 반~밤 9시(월요일 휴무)

❷ 2탸오퉁 뤼다오샤오예취(二條通 綠島小夜曲)

주소 : 중산베이루 1단 33항 1호
전화 : (02)2531-4594
영업시간 : 오전 11시~밤 9시

❸ 미리·원스(米力·溫事)

주소 : 중산베이루 1단 33항 6호
전화 : (02)2521-6917
영업시간 : 정오~저녁 7시(일, 월요일 휴무)

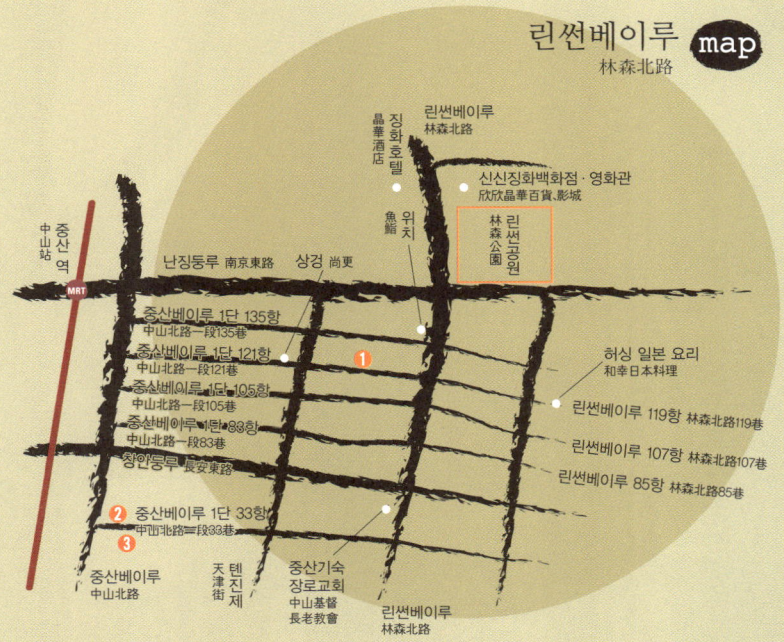

린썬베이루 map
林森北路

중산베이루
中山北路

03 인문 산책 지도

MRT
중산 역
솽롄雙連 역
민취안시루民權西路 역

Jungshan North Road

일제강점기에 중산베이루는 외국 귀빈들이 타이완신사(台灣神社, 오늘날의 위안산 호텔)로 가는 주요 도로였던 까닭에 '칙사의 길'로 불렸다. 길을 따라 빼곡히 서 있는 풍나무와 길 양쪽에 늘어선 일본식 단층집은 과거 식민 시기의 풍경을 재현해준다.

1950년대 미군 고문단이 이 지역에 진주하면서, 미국식 술집, 클럽, 수입품 가게 등이 생겨나 당시 중산베이루에는 미국의 정서로 가득했다. 최근 몇 년 동안에는 일요일마다 성크리스토퍼 교회 일대에 모여드는 이주 노동자, 골목 안에 개업한 필리핀 음식점과 잡화점, 그리고 귓가에 울리는 남국의 언어가 중산베이루에 또 다른 이국적인 분위기를 더해주고 있다.

풍나무 이파리가 흔들리는 중산베이루의 길 양쪽에는 작은 골목이 여럿 숨어 있다. 볕 좋은 오후에 산책을 하고 영화를 보고 맛있는 음식들을 맛보노라면, 북쪽의 톈무까지 걸어가도 피곤한 줄 모른다. 이 멋들어진 길은 마치 여행객들을 위한 산책 코스로 만들어진 것만 같다.

모구의 수제 파인애플 체리케이크. 따끈따끈함 속에도 신선한 과육이 그대로 살아 있다.

골목의 이모저모, 작은 가게 쇼핑하기

MRT 중산 역 주변에는 최신 유행을 한눈에 볼 수 있는 신광미쓰코시 新光三越 백화점이 있고, 유행을 선도하는 헤어숍들이 즐비하다. 골목을 돌아 들어오면 녹음 아래 몸을 숨긴 가게들 덕분에 마치 남국의 시골에 온 듯한 느낌이 든다. 이곳은 고요하고 평온한 동시에 솟구치는 생명력을 품고 있어, 그 분위기가 무척 독특하다.

이러한 분위기가 좋아서, 개성이 강한 작은 상점들이 이곳으로 제법 모여들었다. 모구_{蘑菇} 역시 그중 하나이다. 젊은 디자이너들이 삶에 대한 자신의 철학을 담아 제작한 티셔츠로 출발했는데, 지금은 계절마다 짧은 간행물도 내고 있으며 온라인 쇼핑몰에서 오프라인 상점으로까지 확장되었다. 모구는 '상점'이라고 부르기보다는 생활공간이라고 정의하는 게 더 옳을 듯하다. 이곳에서는 노래를 듣고 책을 읽고 느긋하게 차를 마시고 작은 소품들을 구경할 수 있다. 이 골목에는 참신한 아이디어 상품뿐만 아니라 생활 속에 깊게 파고드는 상품을 만들겠다

모구의 이니셜 시리즈 티셔츠. F는 facai(대박), T는 tuzi(토끼)의 이니셜이다.

는 철학을 가진 가게들이 적지 않다. 몇 골목 지나지 않아 잡지 매장 PPaper도 만날 수 있고, 타이완 패션계에서 주목받고 있는 의상 디자이너 더우텅황賣騰璜과 장리위징張李玉菁 두 사람이 함께 운영하는 숍 WUM도 볼 수 있다.

푸통푸통 여행 Tip

타이완하오뎬(台灣好店)

타이완 문화산업을 발전시킨 타이완하오뎬은 타이완 각지에 흩어져 있던 독창적인 목조, 석조, 패브릭, 종이예술 등 다양한 수공예품을 한자리에 모았다. 타이완의 특색이 담긴 기념품이나 선물을 구매할 수 있는 최적의 장소이다.

예술의 에너지가 넘쳐흐르는 공간

일본이 통치하던 시기에 일본인 자녀들이 다니던 소학교는 오늘날 당대예술관當代藝術觀으로 바뀌었고 미국 원조 시기의 대사관은 예술과 문학의 향기가 살아 있는 타이베이광뎬光點, 필름하우스으로 거듭났으며, 화재로 불탔던 댄스아카데미舞踏社는 재건 후에도 여전히 일본식 목재 건축물의 느낌을 고스란히 간직하고 있다. 이처럼 중산베이루의 문화예술 바람에는 역사의 향기가 짙게 배어 있다. 시립미술관을 온화하고 교양 있는 모더니스트라고 한다면 당대예술관은 격정적이고 대담한 포스트모더니스트 같다. 전자는 진중하고 고전적인 그림을 상설 전시하고, 후자는 디지털과 전위적인 예술 전시를 주로 하면서 당대의 사유와 문화를 관찰한 결과를 반영하고 있다. 예술의 기운을 흡수하고 시야를 넓히면서 아이디어를 개발할 수 있는 최적의 장소이다.

중산베이루를 따라 걷다 보면 길가에 서 있는 흰색 서양식 건물 한 채를 만날 수 있는데, 이곳이 바로 미국대사관이었던 타이베이광뎬이다. 미군 고문단이 철수한 후 오랫동안 방치되면서 잡초가 무성해져 귀신의 집 같은 스산함을 내뿜다가, 1990년대에 이르러 수리 보수를 거쳐 지금의 모습을 갖추고 영화관과 노천 카페 등으로 운영되고 있다. 덕분에 중산베이루에 생기 가득한 문화예술 공간이 하나 더해졌다. 타이베이에는 상업적인 영화를 상영하는 영화관이 많지만, 독립영화나 비교적 인기가 없는 외국 영화를 보려면 시먼딩의 전산메이眞善美, 쥐에써시위완絶色戲院과 함께 타이베이광뎬을 추

원래 광뎬청핀(光點生活品)이 있던 자리는 생활, 디자인 잡화를 취급하는 가게로 바뀌었다. 모구상점(蘑菇商店) 외에도 화롄(花蓮)의 아즈바오우공예관(阿之寶手創館), 본토 의류 디자이너 JASPRER의 작품 등이 입점해 있고 앞으로도 더 많은 상품을 추가할 예정이다.

천한다. 비록 공간은 좁지만 계절마다 주제를 달리한 영화제가 열려 많은 이들이 찾는다. 음식점과 고층 빌딩이 즐비한 중산베이루 골목 사이의 평평하고 탁 트인 풀밭에는 일본식 정원에 룽옌龍眼 나무가 있고 햇살이 가득 들어오는 카페가 있다. 한가로운 분위기 뒤에 대변혁기의 이야기를 숨기고 있는 이곳은 차이루이웨 댄스아카데미蔡瑞月舞蹈研究社이다. 일본 무용단의 영향을 받은 차이루이웨는 졸업 후 도쿄로 가서 춤을 배우고 일본 현대 무용의 개척자 이시이 바쿠 문하에 들어갔으며, 귀국 후에는 현대무용을 널리 알리는 데 적극 힘썼다. 남편 레이스위雷石楡가 정치적인 이유로 중국으로 유배된 뒤 차이루이웨도 이에 연루되어 뤼다오綠島, 타이완 동쪽 바다에 있는 섬에서 3년간 복역한 뒤 출옥하여 이곳에 댄스아카데미를 열었다. 그 후 창작극 〈감옥과 장미〉, 〈꼭두각시의 출전〉 등 뛰어난 뮤지컬을 만들고 젊은 학생들에게 춤을 가르치고 있다. 전에는 이곳을 지날 때면 마네킹의 두 발이 일본식 낡은 주택의 지붕에 끼워져 있는 것을 자주 볼 수 있었다. 그때는 이 건물을 철거할 것인가를 두고 여론이 분분하여 계속 논쟁이 있었는데, 1999년 큰불이 나 댄스아카데미는 잿더미로 변했고 최근 몇 년 전에야 새로 지어졌다. 역사의 상흔이 가득한 이곳은 장미고적玫瑰古蹟이라는 이름으로도 불리며, 댄스 공연과 전람회를 열면서 옛 시절의 영화와 생명력을 재현하고 있다.

푸퉁푸퉁 여행 Tip

장인의 손길이 느껴지는 어묵 가게, 이야먀오서우위완덴(易牙妙手魚丸店)

옌핑난루(延平南路)의 유명한 어묵가게 '자싱위완덴(佳興魚丸店)'의 분점이 중산베이루에도 있다! 부드러운 푸저우 어묵에 상어 고기를 다져 다시 여러 차례 반죽해 만든 이 쫄깃쫄깃한 어묵은 한입 베어 물면 입안 가득 돼지고기와 파, 양념이 어우러져 놀라운 풍미를 자아낸다.

옛 시절의 분위기를 재현하는 만러먼滿樂門

길모퉁이에 서 있는 복고풍의 만러먼은 80년의 긴 역사를 간직하고 있다. 옛날에는 '허파스핀和發食品'이라는 상호로 많은 손님을 모으며 큰 인기를 누리던 시절이 있었다. 당시 주민들은 쇼핑을 하러 삼륜차를 타고 이곳까지 오곤 했다. 식품회사가 문을 닫은 후 이 건물은 한동안 비어 있다가 최근에 이르러서야 새로운 경영자가 나타나 바로크 양식 건물의 외관과 내부 기둥은 유지하고 새롭게 퍼티 작업을 해서 건물에 새 생명을 불어넣었다. 덕분에 옛 분위기가 물씬 풍기는 고즈넉한 식당에서 여유롭게 커피를 즐기고 간단한 식사도 할 수 있게 되었다.

푸통푸통 여행 Tip

린톈퉁뎬(林田桶店)

만러먼(滿樂門) 옆에 위치한 이 가게는 1929년부터 중산베이루에 자리 잡았다. 몇 평 안 되는 작은 가게 안에 들어서면 편백나무 향이 은은하게 퍼진다. 편백나무로 만든 욕조, 삼나무 바가지, 찜통 등 수공예품 모두 일본에서 공예기술을 배우고 온 린상린(林相林) 씨가 만든 것이다. 이 오래된 가게는 100년 가까이 이어져 오면서, 비닐 제품으로 가득한 환경에서 살아가는 현대인들에게 편백나무 욕조에 몸을 담그는 즐거움을 제공하고 있다.

칭광시장晴光市場

1940~50년대에 미국은 중국공산당의 성장을 저지하기 위해 타이완에 군사 및 경제적 원조를 많이 했다. 미군 고문단이 진주했을 뿐 아니라 미국이 원조한 밀가루와 우유, 심지어는 밀가루 포대를 묶었던 끈까지도 타이완 곳곳에 전해졌다. 생활환경이 극빈하던 당시에 중산베이루의 미국식 술집들은 미군들에게 오락 장소를 제공했고, 칭광시장은 수입 의류, 화장품, 보석 등으로 미군 손님을 끌어들였다.

세월이 흐르고 그 시절 중산베이루를 채웠던 술집과 클럽은 달콤한 행복이 흘러넘치는 웨딩숍으로 바뀌었고, 칭광시장에서 수입품이 대량으로 몰려들었던 펑광風光도 장사가 예전 같지 않아 지금은 간식거리들로 가게를 채워놓고 있다. 미국 원조 시기에 문을 연 시장 주변의 오랜 상점들 몇 곳은 이런 상황 속에서도 아직 건재함을 과시하고 있다. 1949년 문을 연 푸리빵집福利麵包店은 대대로 내려오고 있는 전통 있는 가게로, 처음에는 상하이에서 처음 문을 열었는데 이후 타이완으로 건너왔다. 이 가게는 사람들이 대부분 바오쯔包子와 만터우饅頭를 먹던 시절에 서양의 맛이 물씬 풍기는 빵과 케이크, 초콜

릿으로 이름을 알렸다. 지금은 빵이 보편화되면서 푸리빵집 선반에도 각양각색의 빵들이 가득하다. 독일식 호밀 빵, 미국식 베이글, 아라비아 빵, 이탈리아 빵부터 장쑤江蘇, 저장浙江, 북방, 타이완 등지의 중국식 간식까지 다양하게 구비하고 있어 마치 작은 '빵 연합국' 같다. 또 다른 맛집으로는 골목 안에 숨어 있는 창칭교자관常青餃子館을 꼽을 수 있다. 50년을 이어온 산둥 만두를 만드는 비법은 현재 2대 영업자 바오진잉寶錦英에게 전수되었다. 만두는 다 같은 만두인데 창칭만의 특징은 무엇일까? 한눈에 보기에도 큼직하며 노릇노릇하고 바삭하게 잘 구워낸 만두는 겉모습부터 일반 군만두와 확연히 다르다. 한입 깨물면 참기름 향과 함께 신선한 육즙이 배어나오는데, 그 비결은 만두소에 들어 있는 오이와 부추이다. 손님들은 대부분 자차이러우쓰탕榨菜肉絲湯이나 쏸라탕酸辣湯을 함께 시켜 정통 산둥의 맛을 즐긴다.

마늘빵

파인애플 버블밀크티

창칭교자

타이난옌수이이몐

그래도 뭔가 부족하다면 먹을거리가 모여 있는 칭광시장으로 가보자. 진한 국물의 러우짜오肉燥와 신선한 콩나물을 올린 쫄깃한 타이난옌수이이몐台南鹽水意麵은 산초와 고추기름을 넣어 볶은 뤄보간蘿蔔乾과 잘 어울리는데, 이 음식을 만나볼 수 있는 곳이 바로 30년 전통의 칭광이몐晴光意麵이다. 그 곁에는 톈부라甜不辣 가게가 있는데, 신선한 생선으로 만든 톈부라는 재료가 실하고 쫀득해서 사골과 무와 설탕을 푹 끓여서 만든 진한 육수와 잘 어울린다. 이 가게의 최고 인기 메뉴이다.

밥을 먹고 난 후에는 푸딩과 비슷한 딩샹더우화丁香豆花, 도넛 튀김 추이피톈톈취안脆皮甜甜圈도 괜찮은 선택이다.

❶ 모구상점(蘑菇商店)

주소 : 난징시루(南京西路) 25항 18-1호
전화 : (02)2552-5552
영업시간 : 정오~오후 9시

❷ 당대예술관(當代藝術館)

주소 : 창안시루(長安西路) 39호
전화 : (02)2552-3721
영업시간 : 오전 10시~오후 6시(월요일 휴관)
입장료 : 50위안

❸ 타이베이광뎬(台北光點)

주소 : 중산베이루(中山北路) 2단 18호
전화 : (02)2511-7786
영업시간 : 정오~ 자정(매월 첫째 월요일 휴무)

❹ 차이루이웨 댄스아카데미(蔡瑞月 舞蹈研究社)

주소 : 중산베이루 2단 46항 입구
전화 : (02)2523-7547
영업시간 : 오전 10시~오후 5시(월요일 휴무)

❺ 린뎬통뎬(林田桶店)

주소 : 중산베이루 1단 108호
전화 : (02)2541-1354
영업시간 : 오전 10시 반~오후 8시 반
            (일요일 오전 11시~오후 5시)

❻ 이야먀오서우위완뎬(易牙妙手魚丸店)

주소 : 중산베이루 1단 120항 1-1호
전화 : (02)2571-2862
영업시간 : 오전 9시~오후 6시(일요일 휴무)

❼ 만러먼(滿樂門)

주소 : 창안시루 2호
전화 : (02)2581-6088
영업시간 : 오전 10시 반~ 오후 9시(일요일 휴무)

❽ 푸리빵집(福利麵包店)

주소 : 중산베이루 3단 23-5호
전화 : (02)2594-6923
영업시간 : 오전 6시 반~ 오후 11시

❾ 창칭교자관(常靑餃子館)

주소 : 중산베이루 2단 183항 1-4호
전화 : (02)2596-4072
영업시간 : 오전 11시~오후 2시,
            오후 5시~8시 반(둘째, 넷째 월요일 휴무)

❿ 칭광시장(晴光市場)

영업시간 : 오전 11시~오후 7시

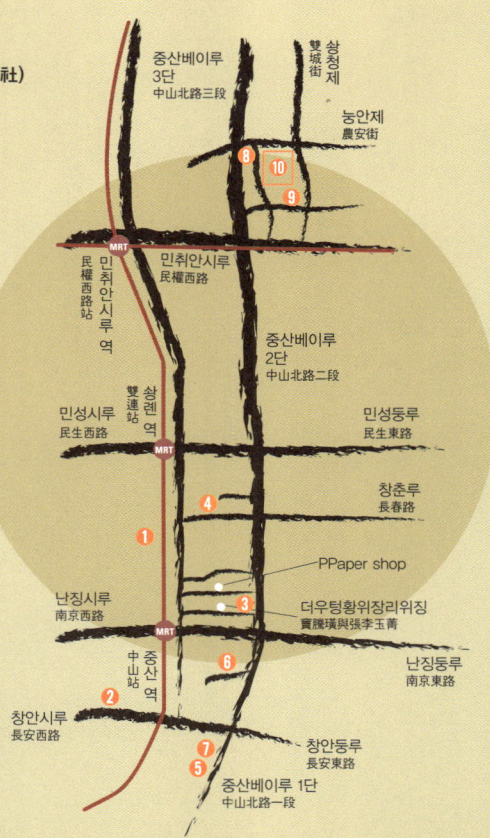

중산베이루 map
中山北路

구위안환
舊圓環

04 잃어버린 맛을 찾아서

MRT
중산 역
솽롄 역

Yuan huan

1950년대 젊은이들은 학교가 끝나면 아이스크림과 굴 부침인 오아젠蚵仔煎을 먹으러 위안환圓環으로 향했다. 이름 그대로 둥근 이 골목에 그 시절의 맛집들이 대부분 모여 있었다. 식당 지붕이 낮고 바닥이 울퉁불퉁하고 물이 고여 있어도 뛰어난 음식 맛으로 사람들을 불러 모았다.

2001년 타이완 정부는 관광지로서 위안환을 더욱 알리고자 기존의 건물을 철거하고 재건하는 사업을 시작했다. 그러나 위안환을 철거하고 새롭게 만든 보리위안환玻璃圓環은 예상 밖으로 발전하지 못했고 위안환은 역사의 뒤안길로 사라져 타이베이 사람들의 기억 속에 묻혀버렸다.

옛 모습 그대로의 위안환은 이제 없어졌지만, 옛 가게들과 오래도록 이어온 손맛의 생명력은 사라지지 않고 타이베이 각지로 흩어져, 충칭베이루重慶北路, 닝샤야시장寧夏夜市, 그리고 멀리 우싱제吳興街에서도 추억의 맛을 만나볼 수 있다.

긴 세월 동안 변함없는 맛을 자랑하는 오래된 가게들

충칭베이루를 따라 걷다 보면 사이사이에 숨어 있는 오래된 가게들을 만날 수 있는데, 일단 그곳에서 파는 음식들을 맛보면 이 가게들이 긴 세월 동안 사랑받는 이유를 절로 알게 된다.

싼위안하오三元號의 위츠러우겅魚翅肉羹은 쫄깃쫄깃한 생선 껍질을 끓여서 만든 육수에 얇은 반죽을 바른 흑돼지 다리 살을 쓴다. '고기는 적고 국물은 많게' 식의 눈속임 같은 건 없다. 주재료인 상어 지느러미 뼈, 신선하고 아삭한 죽순을 넣은 다음 마지막으로 마늘 가루와 볶은 마늘인 쏸쑤蒜酥를 넣어 맛을 낸다. 한 그릇 가득 들어가는 식재료가 무척 알차다. 다진 돼지고기를 버섯, 양파 등과 볶아 밥 위에 얹은 루러우판滷肉飯 한 그릇을 곁들여보자. 기름기와 담백함이 적당한 비율로 잘 어우러진 고기볶음과 향긋한 쌀밥은 겅탕과 잘 어울리는 조합이다. 싼위안하오에서 몇 가게 건너에 있는 룽황하오龍鳳號의 자오진러우겅탕脚筋肉羹湯이나 완푸하오萬福號의 룬빙쥐안潤餅捲 모두 많은 단골을 거느린 전통 있는 가게의 대표 메뉴다. 전통적인 먹을거리를 좋아하는 사람이라면 어느 곳이든 들러 맛볼 만하다.

열네 살부터 음식을 주방에서 일을 했다는 청씨 할아버지는 이제 일흔을 바라보는 나이가 되었다. 인생의 전부를 요리에 바친 셈이다.

저녁 무렵이면 위안환 근처에 있는 샤오샹팅小巷亭의 커다란 홍등이 바람 따라 흔들리고, 고불고불한 골목을 따라 늘어서 있는 노점에서는 어묵탕, 장어구이, 달걀찜, 생선회, 초밥을 포함해 30~40종류의 일본 음식들이 손님을 기다리고 있다. 위안환이 타이완의 옛 음식들을 맛볼 수 있는 향수 어린 곳이라면, 샤오샹팅은 일본 교토의 맛을 고스란히 재현한 곳이라 할 수 있다. 샤오샹팅이 '최상의 품질과 신용, 서비스, 합리적인 가격' 정신에 입각하여 문을 연 지 벌써 30년이 지났다. 매일 새벽마다 들여오는 신선한 해산물로 만드는 요리들은 설명이 필요없을 정도이다. 또한 거리의 청결과 음식의 질에도 세심히 신경을 쓰니 위생 상태도 좋고, 직원들이 모두 유니폼을 착용하고 친절한 태도로 손님을 맞이하니 서비스 또한 좋다. 가격까지 합리적이라 금상첨화다.

닝샤야시장寧夏夜市, 서민들의 음식 천국

저녁 무렵 닝샤야시장에 가면 서민들의 먹을거리가 뜨거운 김을 뿜으며 손님을 맞이하고 있다. 타이베이에는 야시장이 많은데 대부분 옷과 일상용품을 파는 노점이고, 관광객이 많기 때문에 가격 또한 '고무줄 가격'이다. 펑라이蓬萊초등학교 앞에 있는 닝샤야시장에는 100여 개의 노점이 있는데 대부분 음식을 판매한다. 전국의 간식거리들이 모두 모여 있고 가격도 저렴한 까닭에 밤만 되면 많은 손님이 이곳을 찾는다.

17번 노점에서 파는 족발 즈가오판豬品做은 닝샤야시장에서 반드시 먹어봐야 할 음식 중 하나이다. 남부의 명물인 즈가오판은 약재와 향신료를 넣고 끓인 물에 족발을 삶아내는데 향긋하면서도 쫄깃한 식감이 일품이다. 오리알을 넣은 새우탕인 단바오샤런탕蛋包蝦仁湯을 곁들여 먹으면 더욱 좋다. 약한 불에서 반숙으로 익힌 오리알 프라이를 한입 깨무는 순간 부드러운 노른자가 흘러나와 튀김옷 안의 새우와 함께 부드럽게 넘어가는데, 다른 야시장에서는 만나기 힘든 별미이다.

둥스셴커東石鮮蚵는 자이嘉義 지역의 둥스東石에서 직접 가져온 굴로 음식을 만든다. 크고 부드러운 굴로 만든 오아젠과 오아탕蚵仔湯은 북부에서 즐겨 먹는 음식이다. 이외에도 40년의 역사를 간직한 주간룽豬肝榮의 주간탕豬肝湯, 피가 쫄깃하고 육즙이 풍부한 산둥츠러우山東赤肉의 찐만두, 최고의 인기 메뉴인 환지마유몐셴環記麻油麵線, 리자샹스무위李家香風目魚 등 여행객의 발길을 사로잡는 먹을거리가 다양하다.

온 가족이 좋아하는 맛, 더우화좡豆花莊

징슈靜修여자중학교 앞에 자리한 더우화좡은 1965년에 신좡라오제新莊老街에 처음 문을 열고 순두부를 팔았다. 이른 새벽부터 아버지가 깨끗한 타이완 대두를 갈아 순두부를 만들면 자식들이 손수레에 싣고 나와 팔았다. 이후 닝샤야시장으로 옮겨와 정통 순두부의 맥을 잇고 있다.

잊을 수 없는 맛이란 무엇일까? 더우화좡의 큰딸은 '좋은 재료'로 '손수 만든 것'이어야 함을 강조하며, 타이완 현지에서 생산한 콩류만을 고집한다. 수입산은 모양만 보기 좋을 뿐 향기와 맛이 타이완산에 미치지 못하는데, 더우화좡에서 사용하는 재료는 모두 타이완에서 재배된 것을 사용하므로 팥은 짙은 팥 향이 나고, 고구마는 제대로 된 고구마 맛이 난다. 더우화좡은 옛 제조법을 그대로 이어받아 순두부에 짙은 콩 향이 그대로 남아 있으며, 입에 넣으면 부드럽게 넘어간다. 조리 마지막 단계에서는 아버지가 직접 은근한 불에 볶아서 만든 진한 시럽을 뿌리고, 다자大甲 지역에서 나는 빈랑신檳榔心 품종의 고구마를 곁들인다. 이렇게 공들여 만들어낸 더우화는 겉은 부드럽고 속은 탄력이 있어 일반 더우화보다 맛이 좋다.

최고의 길거리 음식, 솽롄위안짜이탕雙連圓仔湯

도시가 개발되고 건물이 들어서면서 손수레에 음식을 놓고 팔던 길거리 음식점의 모습은 추억으로 남게 되었다. 오랫동안 손수레에서 홍더우위안짜이탕紅豆圓仔湯과 사오마수燒麻糬,찰떡를 팔던 아궁 할아버지의 모습도 마찬가지이다. 다행히 아궁 할

아버지의 손맛은 그의 아들과 손자가 이어가고 있다. 물론 지금은 예전의 손수레 대신 밝고 깨끗한 가게에서 단골들을 맞고 있다. 쐉렌위안짜이탕에서 파는 음식들은 식자재에 대한 믿음으로 많은 고객의 호평을 받고 있다. 열 시간을 끓여낸 팥은 감칠맛이 나고, 액체 상태가 될 때까지 끓여낸 위니芋泥,타로는 시원하며 조금도 느끼하지 않다. 푸위안간福圓乾이나 탕위안湯圓을 곁들여도 잘 어울린다. 이 가게에서 인기가 좋은 또 다른 음식은 쫄깃하고 향긋한 맛이 일품인 '사오마수'이다. 가게에서 직접 만든 땅콩가루를 뿌려 쌀과 땅콩의 맛이 절묘하게 어우러진 고유의 맛이 인기 비결이다. 마수는 매일 새벽마다 찹쌀로 직접 빚어 만드는데, 낮은 온도의 기름에서 튀겨내는 조리법은 기름을 흡수하지 않는 찹쌀에 적격이다. 이 가게의 3대 주인인 야오다는 "아궁 할아버지는 아흔 다섯에 돌아가셨는데, 매일 차와 사오마수를 거르지 않고 드셨답니다"라고 말하며 사오마수가 건강 음식임을 이야기한다.

❶ 싼위안하오(三元號)

주소: 충칭베이루(重慶北路) 2단 11호
전화: (02)2558-9685
영업시간: 오전 9시~오후 10시

❷ 샤오샹팅(小巷亭)

주소: 난징시루(南京西路) 250항 8호
전화: (02)2555-2386
영업시간: 오전 11시 반~오후 9시 반

❸ 더우화좡(豆花莊)

주소: 닝샤루(寧夏路) 49호
전화: (02)2550-6898
영업시간: 오전 10시~밤 1시

❹ 쐉렌위안짜이탕(雙連圓仔湯)

주소: 민성시루(民生西路) 136호 1층
전화: (02)2559-7595
영업시간: 오전 11시~오후 11시

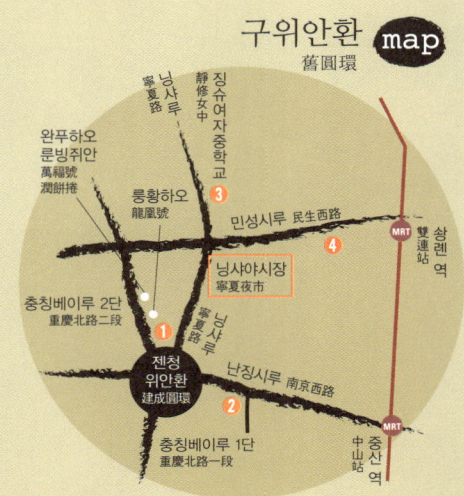

구위안환
舊圓環 map

위안산
圓山

05 향수를 간직한 공간

위안산圓山 역

Yuan san

무더운 하루가 끝나갈 무렵, 수업을 마친 초등학생들은 놀이터에서 땀을 흘려가며 신나게 뛰어놀고, 중학생들은 중산축구장中山足球場에서 열리는 콘서트에 빠져들곤 한다. 푸른 잔디밭에 화려한 조명이 흐르는 공연장은 만감이 교차하는 청춘의 시간과도 닮아 있다. 고등학생들은 미술관에 가서 유명 작품을 감상하거나 데이트를 즐기기도 한다.

이전 세대가 간직한 위안산의 모습은 또 다르다. 그들은 어린 시절에 친구들과 삼삼오오 모여 다다오청大稻埕에서 중산베이루中山北路를 따라 중산교中山橋 아래의 지룽강基隆河에 와서 조개를 줍고, 오렌지 빛 석양이 내릴 때면, 무명 조끼를 벗어 전리품을 잘 싸들고 웃통을 벗은 채 집으로 돌아갔다.

동물원이 무자木柵로 옮겨가기 전이던 그 시절 위안산 지역이 많은 일들을 겪은 때이기도 하다. 2차 세계대전 당시 일본 정부가 동물원이 포격을 입으면 맹수들이 뛰쳐나와 사람들을 해칠 것이라 판단하고 동물원 동물들을 총으로 쏘아 죽인 것이다. 전쟁이 끝난 뒤 위안산 동물원은 다시 문을 열고 새로이 코끼리 린왕을 데려왔다. 휴일에는 원숭이가 간식을 먹고, 사자가 불타는 원을 뛰어넘고, 침팬지가 스케이트를 타는 등의 공연을 선보였다.

오락거리가 많지 않았던 시절이어서 적지 않은 관람객들이 찾아와 이를 즐겼다. 위안산이 이어오고 있는 것은 타이베이 사람들의 청춘에 대한 향수이자, 무자로 옮겨가게 된 동물들의 기억 속에 가장 깊숙이 자리한 공간이기 때문일 것이다.

타이베이시립미술관台北市立美術館

2002년 여름부터 가을까지 타이베이미술관에서는 건축 예술의 대가인 르 코르뷔지에의 전시회가 열렸다. 르 코르뷔지에는 '공동주택 단지'를 발명함으로써 인구가 폭발적으로 늘고 있는 지구의 현 상황에 하나의 해결책을 제시해주었다. 2003년 늦봄 영국 건축예술그룹 아키그램은 똑같이 복제되는 주택을 거부하고 온갖 기상천외한 방식으로 집을 짊어지고 세상을 유랑해야 한다고 주장하며 당시 타이베이에 히피 정신을 퍼뜨린 바 있다. 2005년 가을에는 펑크의 여왕 비비안 웨스트우드가 전위적이고 대담한 디자인의 의상을 선보여 일부 사람들은 집에 돌아가 과감하게 자신의 옷을 리폼하기도 했다. 젊은이들은 토요일에 학생증을 지참하면 무료 혜택을 누릴 수 있다. 이제 더 이상 젊지 않다 해도 로비에 가득 쏟아지는 햇볕은 평생 이곳을 찾을 이유가 되어준다.

타이베이고사관台北故事館

미술관 옆에 있는 고사관스토리하우스은 동화적인 분위기가 충만한 영국의 튜더 양식 건물로, 1914년 다다오청의 차를 파는 상인 천차오쥔陳朝駿을 위해 지어졌으며, 당시에는 명사와 차 상인을 초대하는 장소로 쓰였다. 그 후 전 입법위원 황궈수黃國書의 저택, 미술가 모임 센터 등을 거치며 '위안산 별장圓山別莊'이라는 명칭을 얻었다가 오늘날 타이베이고사관이 되었다. 80여 평의 아담한 양옥으로 이전의 벽난로, 응접실, 계단, 홀, 베란다 등을 그대로 보존하고 있으며 계절마다 '일반인의 생활문화' 또는 '타이베이의 발전 궤적' 등을 주제로 전시회를 연다. 한쪽에 있는 다관茶館에서는 간식도 제공하고 토요일 밤에는 각종 음악회와 영화 상영회 등도 열리고 있다. 이곳의 여유로운 분위기는 과거 부유한 상인들의 모임을 재현해 보여주는 듯하다.

어린이대공원兒童舊樂園

타이베이 사람이라면 거의 누구나 따스한 오후에 선생님을 따라 어린이대공원으로 야외 수업을 나갔던 유년의 기억을 간직하고 있을 것이다. 오전에 집을 나서기 전에 엄마가 간식과 음료수를 사 먹으라고 주머니에 용돈을 넣어주기도 하고, 놀이공원에 도착해서는 태양이 뜨겁게 내리쬐건 말건 신경 쓰지 않고 신나게 뛰어놀았던 시간들.

어린이대공원은 다른 대형 놀이공원이 1000위안에 가까운 '자유이용권'으로 부담을 주는 것과 달리 '모든 놀이기구 20위안'이라는 처음의 운영 방식을 유지해오고 있다.

일제강점기에 처음 문을 연, 봄날에는 달콤한 향기가 공기 가득 떠도는 이 오래된 놀이공원은 2009년 4월에 문을 닫고 보수에 들어가 2년 뒤인 2011년 9월에 꽃 박람회장으로 문을 열었다. 정부는 2012년 스린士林의 메이룬美崙공원에 새 놀이공원인 '얼통신러위안兒童新樂園'을 개장했다.

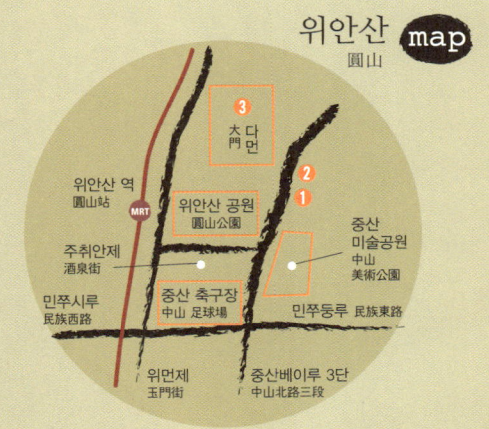

❶ **타이베이시립미술관(台北市立美術館)**
주소: 중산베이루(中山北路) 3단 181호
전화: (02)2595-7656
영업시간: 오전 9시 반~오후 5시 반
(토요일은 오후 9시 반까지, 월요일 휴관)

❷ **타이베이고사관(台北故事館)**
주소: 중산베이루 3단 181-1호
전화: (02)2587-5565
영업시간: 오전 10시~오후 6시(월요일 휴관)

❸ **어린이대공원(兒童舊樂園)**
주소: 중산베이루 3단 66호

위안산
圓山 **map**

❸ 大 다
門 먼

위안산 역
圓山站 MRT

❷
❶

위안산 공원
圓山公園

주취안제
酒泉街

중산
미술공원
中山
美術公園

민쭈시루
民族西路

중산 축구장
中山 足球場

민쭈둥루 民族東路

위먼제
玉門街

중산베이루 3단
中山北路三段

다룽둥
大龍峒

06 고적 순례하기

MRT 위안산 역

Da long dong

다룽둥은 위안산에서 무척 가깝다. MRT 단수이선淡水線을 사이에 두고, 지렛대처럼 놓인 주취안제酒泉街가 청춘과 회상의 양 끝을 연결하고 있다. 위안산 일대에서 맛있는 음식을 맛보려면 다룽둥으로 넘어오는 게 좋다. 다룽야시장大龍夜市에는 사차양러우沙茶羊肉, 화성탕花生湯, 사오마수燒麻糬 등 서민 음식이 있고, 바오안궁保安宮 옆에는 옛날식 홍차를 파는 오래된 가게가 있다.

타이베이의 특산품을 친지나 친구에게 선물하고 싶다면, 유명하고 인기 많은 웨이거펑리쑤維格鳳梨酥를 찾아가면 된다. 골목 안에는 절로 행복이 피어오르는 홈메이드 간식 가게도 있는데, 손님을 따뜻하게 맞아주는 주인 부부 덕분에 타이베이의 따뜻한 정을 느낄 수 있다.

아취를 느껴보고 싶다면 다룽둥에서 백여 년 세월 동안 정신적인 지표가 되어준 공묘孔廟와 바오안궁保安宮으로 가보자. 5월 보생대제保生大帝의 탄신일, 9월 제공祭孔 의식을 맞이하면, 골목의 주민들만 눈코 뜰 새 없이 바쁜 게 아니라, 많은 국내외 관광객이 몰려와 참관을 한다. 다룽둥을 한 바퀴 걷다 보면 곳곳에서 역사적인 고적, 고택, 옛길을 만날 수 있고, 어디에서건 푸근한 인간미를 느낄 수 있다.

고적 순례, 공묘孔廟와 바오안궁保安宮

경건하고 성스러운 분위기가 가득한 공묘는 면적은 넓지
않지만 자세히 둘러보면 특별한 재미를 발견할 수 있는
곳이다. 공묘의 정문에는 '만련궁창萬仞宮牆'이라 불리는
높은 담이 있어서, 공묘에 들어가 참관하고 싶으면 담 양
쪽의 '홍면欞門'이나 '반궁泮宮'을 통해서만 들어갈 수 있다.
공자의 높고 깊은 학문과 덕행에 이르는 길은 오로지 경
건한 마음과 '수식修息'밖에 없다는 의미를 담아 그렇게 만
든 것이다. 뿐만 아니라 공묘 내의 기둥과 창문 위에는 글자가 새겨져 있지 않은데, 이는
공자 앞에서 감히 문장을 과시할 사람이 없다는 뜻이 담겨 있다. 사당 내에 비석만 있고
공자의 신상이 없는 까닭 또한 위대한 공자의 인격을 조각상으로 만들어낼 방법이 없다
는 뜻에서이다. 이런 점들이 공묘와 다른 사당의 차이점이다.

해마다 9월 28일에 열리는 제공 의식은 공묘의 중요한 행사 중 하나로, 당일 새벽 5시
에 성대하게 의식이 시작된다. 육일무六佾舞를 추고 지혜의 떡智慧粿을 나눠주는 등 전통
의식에 따라 진행된다. 소의 털을 뽑으면 지혜가 자라 시험에 순조롭게 통과한다는 설
에 따라 그러한 행사가 열리기도 했었는데, 요즘에는 질서 유지를 위해 지혜의 떡을 나

뉘주는 것으로 대신하게 되었다. 제례에서 육일무는 다룽초등학교의 학생들이, 제례 집도는 근처 지역사회의 유지가, 음악은 청위안成淵중고등부 학생들이 맡는 등 지역사회 남녀노소가 1년에 한 번 치르는 제례를 위해 합동 연습을 하면서 지역민의 단결력을 보여주기도 한다.

그 옆에 있는 바오안궁은 백성의 건강을 기원하며 의신醫神 보생대제를 주로 공양하는 곳으로, 사당 내에서는 건물의 들보나 신전 밖의 벽화, 심지어는 보도블록 위에서도 모두 사람 인人자를 찾아볼 수 있다. 다룽둥 바오안궁에서 가장 유명한 것은 '대장작對場作'이라는 건축 양식으로, 건축물의 대칭이 되는 양쪽을 서로 다른 장인이 이끄는 두 무리의 목공들이 작업하는 방식이다. 원자재는 같지만 두 집단의 공법이 서로 달라 장인의 실력이 금방 판가름 나기 때문에 최선을 다해 작품을 완성하도록 독려할 수 있는 재미있는 건축 방식이다.

푸퉁푸퉁 여행 Tip

훙차우(紅茶屋)

바오안궁 뒷골목에 위치한 홍차 가게.
다룽둥 주민들은 무더위 속 갈증이 날 때
이곳의 홍차를 즐겨 마시는데, 좋은 재료로
만들어 후하게 담아주는 이 가게의 인심이 20여 년
동안 고객들에게 사랑받을 수 있었던 비결이다.
이곳 홍차는 기본적인 찻잎 외에 감초,
결명자 등을 넣어 만드는데 한 모금 마시면
입안 가득 침이 고일 정도로 감미롭다.
자연 본래의 향도 담고 있어서 일본 관광객들이
특히 좋아한다. 그 외에 진한 밀크티나
식감이 특이한 둥과(冬瓜) 밀크티도 있다.

재치 있는 카팡의 주인은 찹쌀떡에 히비스커스 꽃, 커피 등의 창의적인 맛을 더해 새로운 디저트를 탄생시켰다.

핸드메이드 순례,
카팡작업실咖芳工作室과 웨이거펑리쑤維格鳳梨酥

고소하고 바삭바삭한 그리스 아이스크림볼, 꽃향기 가득한 수제 과자, 신선한 과일로 속을 채운 화과자 다이후쿠, 일본식 월병, 유가 사탕. 골목 안에 위치한 카팡작업실은 화려한 인테리어는 없지만 주인 부부의 친절함에 다시 찾게 되는 곳이다. 가게를 연 지 십여 년이 된 지금까지 음식에는 좋은 재료만 쓰고, 모든 손님을 집안 식구처럼 맞아준다.

건강을 위해 저당·저지방을 고집하며, 천연 과일과 신선한 꽃을 활용해 만든 서양 디저트 덕분에 단골도 많다. 따로 광고를 하지 않아도 손님들의 입소문을 통해서 오랜 시간 영업을 유지해오고 있다. 비교적 소규모로 운영되는 카팡과 달리 공묘 근처의 웨이거식품維格食品은 세계화 전략으로 성공한 케이스. 웨이거의 펑리쑤는 이미 홍콩, 동남아, 중국 대륙 등지의 관광객들에게 가장 인기 많은 타이완 간식 중 하나이다. 사장이 강조하는 맛의 비결은 '좋은 식재료'에 있고, 그다음은 '황금 비율'이다. 난터우南投에서 생산된 파인애플은 향이 진하고 신선하며, 자이嘉義 푸쯔朴子 지역에서 나는 동과는 섬유질이 풍부하고 육질이 부드러워 파인애플 향과 알갱이의 씹히는 느낌이 무척 좋다. 연유로 만든 비스킷 부분의 향긋하고 진한 우유 향 또한 절로 입맛을 당긴다. 이 가게는 공묘가 가까이에 있다는 점을 고려하여, 대나무 숯가루로 만든 페이스트리도 판매하는데, 늘 인기가 많다.

미각 순례, 다룽야시장大龍夜市

오후 4, 5시면 다룽제大龍街의 노점상들이 솥
을 내걸기 시작한다. 노점 7호 사차양러우沙
茶羊肉의 뜨거운 솥에서 뿜어져 나오는 냄새
가 식욕을 절로 자극한다. 그 곁에서 화성
탕花生湯과 사오마수燒麻糬를 파는 노점은 겨
울에는 따뜻하고 여름에는 시원한 간식거

리를 제공한다. 22호 아청콰이찬阿城快餐의 촉촉하고 윤기가 도는 볶음밥은 매운 생선포
를 곁들이면 좋고 츠러우탕赤肉湯이나 달걀국蛋花湯을 한 그릇 시켜 풍성한 한 끼를 먹을
수도 있다. 모든 음식이 사람들의 입맛에 꼭 맞아, 고적을 둘러보고 난 후 허기진 배를
채우기에 안성맞춤이다.

---

❶ 공묘(孔廟)

주소 : 다룽제(大龍街) 275호
전화 : (02)2592-3934
영업시간 : 오전 8시 반~오후 9시
          (일요일, 공휴일은 오후 5시까지, 월요일 휴무)

❷ 바오안궁(保安宮)

주소 : 하미제(哈密街) 61호
전화 : (02)2595-1676
영업시간 : 오전 6시 반~오후 10시 반

❸ 훙차우(紅茶屋)

주소 : 충칭베이루(重慶北路) 3단 335항 56-1호
전화 : (02)2594-1932
영업시간 : 오전 6시~ 오후 10시 반

❹ 카팡작업실(咖芳工作室)

주소 : 디화제(迪化街) 2단 296항 9호 1층
전화 : (02)2598-9728
영업시간 : 오전 9시~오후 9시

❺ 웨이거펑리쑤(維格鳳梨酥)

주소 : 주취안제(酒泉街) 76호
전화 : (02)2586-3816
영업시간 : 오전 8시~오후10시

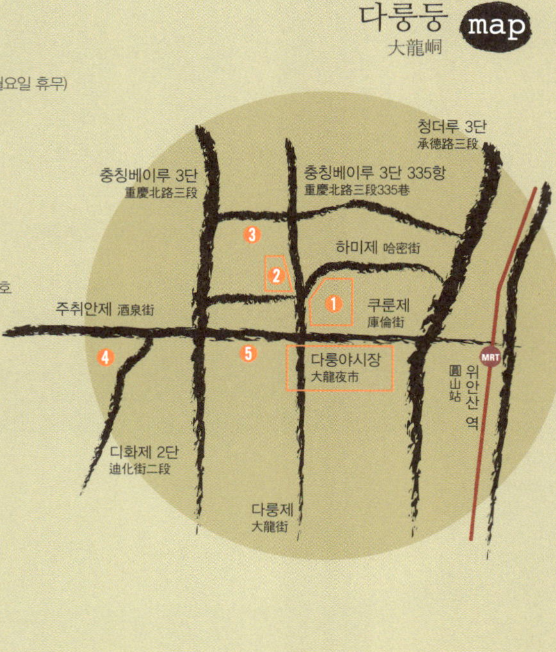

다룽둥 **map**
大龍峒

청더루 3단
承德路三段

충칭베이루 3단
重慶北路三段

충칭베이루 3단 335항
重慶北路三段335巷

❸

하미제 哈密街

❷

주취안제 酒泉街

❶ 쿠룬제
庫倫街

❹

❺ 다룽야시장
大龍夜市

MRT

위안산
圓山站
역

디화제 2단
迪化街二段

다룽제
大龍街

고궁박물원
故宮博物院

07 옛 물건, 새로운 감동

MRT
젠탄劍潭 역
스린士林 역

National Palace Museum

베이징 고궁박물원은 1925년에 세워져 1949년에 국공내전으로 망가졌는데, 이때 국민당 정부가 약 60만 개의 유물을 타이완으로 운반해왔다. 처음에는 타오위안 양메이桃園 楊梅, 타이중 우펑台中 霧峰 등지로 옮겼다가, 마지막으로 스린 와이쐉지士林外雙溪에 정착했다. 30년에 걸쳐 지은 새 고궁은 공간 설계부터 기념품과 음식까지 모두 고전적인 것과 새로운 것을 결합하였으며, 토요일에는 저녁 늦게까지 관람이 가능하다.

Old is New! 현대적인 고궁

최근 몇 년 고궁 본관은 대대적인 보수를 거쳐, 완전히 새로운 분위기로 태어났다. 입구에 들어서면 밝고 넓은 로비가 편안하고 쾌적하게 사람들을 맞아준다. 한쪽에 자리 잡은 기념품 코너에서는 국내외의 참신한 디자이너들이 국보와 결합하여 만든 상품을 만나볼 수 있는데, 청궁淸宮 시리즈, 배추 가족, 영희도嬰戲圖 인형 및 타이완 특산품 등이 있다. 새 고궁은 과거의 장엄했던 이미지에서 'Old is New'라는 모토로 현대적으로 설계되어 더욱 활기차고 친화력이 있는 공간으로 바뀌었다. 현임 원장은 "오늘날의 고전은 지난날의 전위일 것입니다. 오늘의 전위는 또한 앞날의 고전이 될 것입니다"라고 밝힌 바 있다. 이 말처럼 고궁에 와서 도자기, 고서, 국보급의 비취옥 배추, 상아 공, 청명 상하도 등을 관람하노라면 한 작품 한 작품 모두에서 시대적인 격동이 느껴지고 관람객의 마음속에 창의적인 영감이 샘솟는다.

간룽서점乾隆書房의 차 맛, 삼희당三希堂

긴 시간 고궁을 관람하다 지치면 본관 4층에 있는 삼희당에
서 쉬어갈 수 있다. 이곳에서는 베이징 고궁의 양심전養心殿이
나 건륭제가 서화를 보관하는 장소로 쓰였던 장서각藏書閣에 온 듯
한 기분을 느껴볼 수 있다. 그렇다고 이 공간이 중국풍이기만 한 것은 아니다. 건축설계
사 천루이셴陳瑞憲은 이 공간에 서양 도서관의 느낌도 주기 위해 동양의 선禪과 현대적인
유행을 서로 융합시켰다.

삼희당의 주 메뉴는 전통적인 타이완 차와 중국 간식이다. 차는 특히 건륭제가 즐겨 마
신 삼청차三淸茶를 추천한다. 옛날에는 눈을 모아 끓여 불수감나무 열매, 매화, 볶은 잣
을 넣어 만들었으며, 장수에 효과가 있다고 한다. 물론 지금은 눈 대신에 물로 끓이지만
차의 그 청아한 향기는 여전히 어른들의 많은 사랑을 받고 있다. 젊은 여성들에게는 연
심차蓮心茶를 추천한다. 맑고 깨끗한 향기가 좋을 뿐만 아니라 차에 콜라겐 단백질이 다
량 함유되어 있어 피부 미용에도 좋다. 디저트로는 일본인들이 특히 좋아하는 훙더우
차오빙紅豆草餅, 쑹쯔뤼더우황松子綠豆黃도 있고, 즈마보펜芝麻薄片이나 롄쯔탕蓮子湯도 있
다. 실내에서 흘러나오는 음악과 창밖으로 펼쳐지는 풍경과 향기 가득한 차향 속에 어
우러지다 보면 관람으로 인한 피로가 절로 풀릴 것이다.

간룽서점은 왕희지(王羲之)의 『쾌설시청첩(快雪時晴帖)』『중추첩(中
秋帖)』과 왕순(王珣)의 『백원첩』 등 희귀한 서적 세 권을 소장하고 있어
'삼희당(三希堂)'이라 불린다.

스린야시장士林夜市

타이베이에는 야시장이 많지만, 스린야시장이 가장 넓고 유명하고 북적북적하다. 스린 야시장은 크게 두 구역으로 나눌 수 있는데 한 구역은 독립적인 먹을거리 구역이고, 다른 한 구역은 양밍극장陽明戲院을 중심으로 주변 길가에 노점상과 상가가 늘어서 있는 곳이다. 예전에는 먹을거리들이 츠청궁慈誠宮 앞쪽에 모여 있었지만, 최근 몇 년 사이 정부가 먹을거리 구역을 정해놓으면서 이곳저곳에 흩어져 있던 가게들이 새롭게 정돈되었다. 스린야시장에서는 정말 다양한 먹을거리를 만나볼 수 있다. 다빙바오샤오빙大餅包小餅, 성차오화즈生炒花枝, 상하이성젠바오上海生煎包, 다샹창大香腸, 바오장지파이爆醬雞排 등 전국 각지의 야시장에서 볼 수 있는 음식이라면 이곳에서도 대부분 만나볼 수 있다.

1

1. 성차오화즈겅(生炒花枝羹)은 오징어와 죽순, 당근 등을 같이 볶고, 여기에 전분을 풀어 넣어 걸쭉하게 만든 탕이다. 설탕, 식초 등으로 간을 하는 것이 짭조름한 가운데 새콤달콤한 맛을 내는 비법이다. 오징어의 식감을 제대로 느낄 수 있다.

2. 다빙바오샤오빙(大餅包小餅)은 스린야시장의 독특한 먹을거리로, 바삭바삭하게 구운 빵 안에 만두처럼 소가 들어 있다. 달콤한 쪽에는 고구마와 콩, 대추 소가 들어 있고 짭짤한 쪽에는 땅콩과 커리가 들어 있다. 한입만 먹어도 가히 일품이다.

3. 양밍극장(陽明戲院) 옆에 위치한 가게 칭와사단(靑蛙下蛋)은 이곳 터줏대감이다. 큼직한 타피오카 펄이 들어간 부드러운 레몬 음료 닝멍아이위는 여름철 최고의 음료이다.

❶ 고궁박물원(故宮博物院)

주소 : 즈산루(至善路) 2로 221호
전화 : (02)2881–2021
영업시간 : 오전 9시~오후 5시(연중무휴, 토요일은 오후 8시 반까지)
입장료 : 일반 160위안, 학생 80위안
교통 : MRT 단수이선 스린(士林) 역에서 하차해 버스 255, 304, 홍(紅) 30, 소형버스 18, 19번로 갈아탄다.

❷ 삼희당(三希堂)

주소 : 고궁박물원 본관 4층
전화 : (02)2881–2021 (# 2330, 2382)
영업시간 : 오전 9시~오후 5시

❸ 스린야시장(士林夜市)

영업시간 : 대부분 오후 3~4시부터 새벽까지 영업
교통 : MRT 단수이선 젠탄(劍潭) 역에서 내린다.

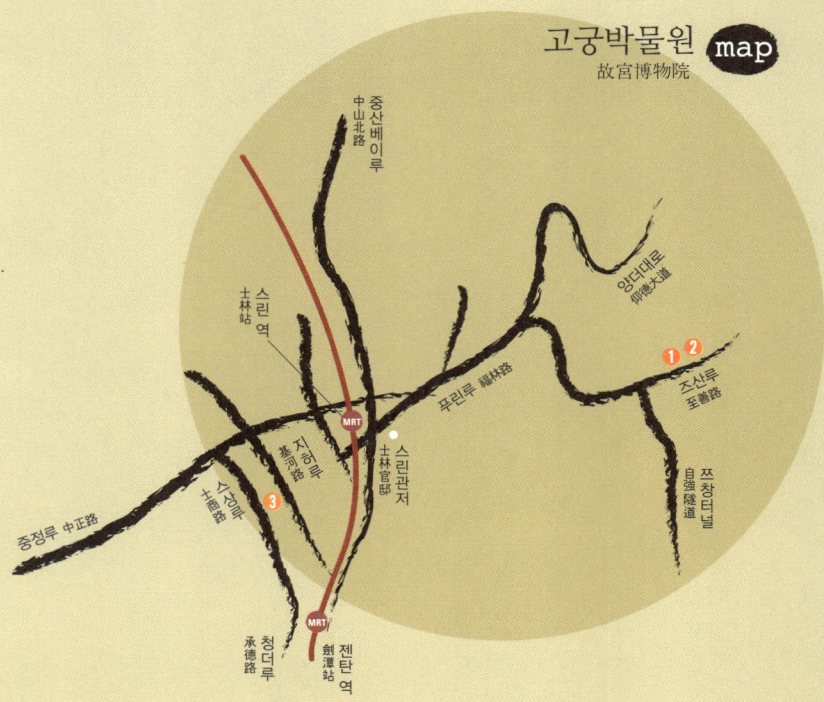

고궁박물원 **map**
故宮博物院

텐무
天母

08 미국과 일본 문화의
교차점

MRT
즈산芝山 역

Tan mu

한국전쟁¹⁹⁵⁰~⁵³ⁿ이 발발하자 현재의 광뎬타이베이光點台北부터 톈무天母와 양밍산陽明山
일대까지 차례로 미군 고문단이 진주하게 되었고 미국식 음식점, 술집, 클럽 등도 그 일
대에 생겨나기 시작했다. 베트남 전쟁¹⁹⁶¹~⁷⁵ⁿ이 발발한 뒤 미국은 오키나와, 괌, 타이
완 등지에 R&R^Rest and Recreation을 설립하고 미군 병사들이 잠시나마 여가를 즐기며 쉴
수 있는 공간을 제공했는데, 현재의 중산축구장처럼 볼링장, 식당, 매점 등의 시설이
완비되어 있었다. 지금의 중산미술공원은 당시 미군 병사들이 영화를 보던 장소이다.
그런 까닭에 톈무에 오면 미국식 햄버거와 치킨, 구미 상점의 수입 식품, 수입 옷가게 등
그 시대가 남긴 흔적을 어렵지 않게 찾아볼 수 있다. 중산베이루 6단段에는 일본인 학
교, 미국인 학교, 일본계 백화점 등이 있으며, 골목 안에는 화과자 상점도 있고 쇼핑
중인 일본인과 미국인 들을 어렵지 않게 볼 수 있다.

멕시코 요리를 주로 판매하는 샹샹찬팅鄕香餐廳
은 미군 가정에서 요리사로 지냈던 뤄씨가 개업
한 곳이다. 뤄씨는 당시에 많은 외국 요리책을
보고 부단히 연구한 끝에, 타이완에서 보기 드
문 멕시코 요리를 만들 수 있게 되었다. 에그 베
네딕트, 옥수수 가루로 만든 타말레스, 토스트
나 비스킷에 크림소스를 바른 S·O·S(미국인들이
흔히 Shit On a Shingle이라고 부른 데서 유래됐다)
등 멕시코 현지에서 유명한 음식들을 맛볼 수
있다. 또한 연중무휴 아침을 제공한다는 방침을
고수하는 덕에 휴일에 늦게 일어난 사람들도 이
곳에서 여유롭게 아침식사를 즐길 수 있다.

마찬가지로 중산베이루 6단에 자리
잡은 츠츠칸吃吃看의 치즈케이크도
빼놓을 수 없다. 텐무에서 유명한
이 가게는 하루에 몇 백 개의 케이크
가 팔리기도 한다. 이 가게가 회계사
출신의 요리 문외한이 개업한 곳이
라는 건 쉽게 상상하기 어려울 것이
다. 서양식 디저트가 그리 알려지지 않았던 약 30년 전, 츠츠칸의 사장은 각종 베이킹
기술을 연구하여 고급 치즈와 버터, 오렌지 원액을 사용하고 밀가루 대신 통밀 비스킷,
호두 등을 사용해 향긋하고 진한 치즈케이크를 만들어냈다.
이 가게가 유명한 이유는 모든 식자재를 까다롭게 고르기 때문이다. 레몬 파이는 신선
한 레몬으로, 바나나 케이크는 신선한 바나나로 만들며 절대로 다른 가공품을 첨가하
지 않는다. 치즈, 블루베리, 초콜릿, 호두, 통밀 비스킷 등은 모두 단가가 비교적 높은
수입 식자재를 사용한다. 인기가 많아 장사가 잘되기 때문에 가게 안의 음식들이 대부
분 당일에 모두 판매된다는 것 또한 장점이다. 신선함에 정성까지 더해지니 손님이 끊이
지 않는 건 당연지사!

톈무에는 유럽식 음식점도 적지 않다. 골목에 위치한 파레이
보빙우法蕾薄餅屋는 브르타뉴 지역의 크레이프를 전문으로 팔
고 있다. 2차 세계대전 직후 프랑스 서쪽에 있는 브르타뉴
주민들은 메밀가루와 집에 있는 재료를 사용해 만든 갈레트
나 시럽을 넣어 달콤하게 만든 크레이프를 주식 삼아 먹었다
고 한다. 크레이프를 즐겨 먹던 부부가 프랑스에 살고 있는

친구에게서 프랑스식 크레이프 만드는 법을 전수받고 고급 재료를 사용해 만들어 타이완에서도 정통 크레이프를 맛볼 수 있게 되었다.

푸통푸통 여행 Tip

톈무바이우(天母白屋)

미국 영화에서 자주 보이는 정원이 있는 하얀 서양식 건물. 톈무바이우가 바로 그런 전형적인 미국 교외의 건축물이다. 1950년대 미군이 주둔하던 시기, 검은 기와지붕에 하얀 방수 벽, 밖에는 정원이 있고 안에는 벽난로가 있는 하얀 집이 유행처럼 지어졌는데, 지금은 몇 군데만 남아 있다. 톈무 위안환(圓環) 부근에는 유명한 국수 가게도 있다. 현지 사람들은 톈무 수이관루(水管路)에 가서 등산하고 내려와서는 거의 모두 이 국수를 즐긴다. 배고픔을 채우기에도 모자람이 없다.

식자재로 세상을 보다, 구미상점

미군 가족들이 톈무에 거주하던 시기에는 유럽과 미국의 식재료를 수입하는 상점들이 거리에 우후죽순 생겨났다. 1979년 미군이 모두 철수한 뒤 대부분의 상점들은 문을 닫았고, 지금은 홍마오상싱宏茂商行과 G&G 두 곳만이 그 명맥을 이어가고 있다.

미국식 식재료와 생활용품을 주로 판매하는 홍마오상싱은 통조림, 잼, 말린 견과류, 비스킷 등 없는 게 없어 코스트코보다 더 알차며, 이미 40년 가까이 손님들의 발길이 끊이지 않는 곳이다. 독일, 네덜란드, 스웨덴, 핀란드 등 유럽 식재료를 주로 판매하는 G&G는 가게 안에서 샌드위치와 샐러드도 판매하고, 유럽 전통 요리 강좌도 열고 있다.

이 가게의 자오 사장이 요리 강좌를 여는 까닭은 이러하다. "서양 음식은 타이완에서도 쉽게 만나볼 수 있지만, 사실 대부분의 사람들은 자기가 먹는 게 뭔지 자세히 모르고 먹습니다. 서양 요리를 알 수 있는 가장 좋은 방법은 식자재와 조리 방법부터 배우는 것입니다." 서양의 요리와 문화를 조금 더 알고 싶은 사람이라면 누구나 이 '식재료 연합국'에 들러볼 만하다.

1. G&G는 버터, 소시지, 주류 등의 품목을 갖추고 있고, 사프란, 바닐라, 구운 우엉 등 특수한 식재료도 구매할 수 있다.
2. G&G 사장은 미국에서 체류할 때 음식점 주방에서 일한 적이 있다. 그때 이러한 다양한 식재료들을 익혔고, 음식 문화를 통해 그 나라를 이해하는 법을 알게 되었다고 한다.

타이완의 맛, 투무푸리샤오츠塗姆埔里小吃

톈무둥루天母東路 8항巷의 길 양쪽에는 손맛이 뛰어난 타이완 음식점들이 늘어서 있는데, 투무푸리샤오츠도 그중 한 곳이다. 난터우南投에서 온 일가족이 고향에서 재배된 채소를 칠순 노모의 풍부한 요리 솜씨로 선보이는 음식들은 보기만 해도 건강해질 것 같은 기분이 들며, 자연 그대로의 신선한 맛을 담고 있다.

예전에는 채소를 가지러 푸리에 다녀오려면 밤을 꼬박 새워 차를 타야 했는데, 지금은 빠른 교통수단이 있으니 더욱 풍부한 식재료를 활용하여 음식을 만들어낼 수 있게 되었다. 푸리에서 운송해온 특수한 식재료들은 어머니의 솜씨를 거쳐 맛있는 음식으로 태어난다. 채소 요리뿐만 아니라 투무 입구에 있는 화성쑤구주자오花生酥骨猪脚, 웨이청체펜어러우味噌切片鵝肉 등 고기 요리도 빼놓을 수 없으며, 향긋한 볶음 쌀국수인 푸리차오미펀埔里炒米粉을 곁들이면 입안 가득 고향의 맛이 절로 퍼질 것이다.

1. 투무(塗姆)의 족발은 느끼하지 않고 껍질은 쫄깃하고 고기는 부드러우며, 뼈도 바삭해 먹을 수 있다. 곁들여진 땅콩은 무균 배아로 골라, 낟알이 크고 식감도 좋다. 영양가는 말할 필요도 없다.
2. 가게 안에 붓글씨로 쓴 타이완 시가 한 폭 걸려 있는데, 주인 아주머니 가족이 직접 지은 시를 지인이 써준 것이다.

수입 의류의 집합지 중산베이루 7단

셔츠를 사고 싶은데 야시장의 100~200위안짜리는 너무 값싸 보이고, 백화점은 몇 천 위안이나 해서 이러지도 저러지도 못한 경험이 있다면, 중산베이루 7단段으로 가보자. 이곳은 예전부터 수많은 수입 의류 가게가 모여 있는 곳으로 이곳에서 '보물'을 캐낼 수도 있다. 셔츠, 피케 셔츠, 티셔츠 모두 질이 좋고 가격은 서민적이다.

1971년경에 많은 서양 의류 브랜드가 노동력이 밀집된 타이완에 주문자 생산 방식 시스템을 마련했다. 당시의 QC품질관리제도를 통해 상품은 A, B, C 세 등급으로 나뉘었으며, 약간의 흠이 있는 B급은 수입 의류상들이 거둬들였다. 지금은 주문자 생산 공장 대부분이 동남아 및 중국 대륙 등지로 이전해, 20~30곳이나 되던 옷가게가 중산베이루 7단에 모여 있던 시절에 비하면 규모가 많이 축소되었지만, 그래도 여전히 괜찮은 옷가게 몇 곳이 그 자리에서 위용을 떨치고 있다. 1960년대에 문을 연 바이치白奇는 그중에서도 가장 유명한 곳으로, 젊은 세대부터 나이 든 세대까지 다양한 고객층을 확보하고 있다.

바이치는 서양 브랜드를 위주로 판매하며, 브랜드는 대부분 미국에서 30~40달러에 팔리지만 이곳에서는 3분의 1 또는 4분의 1가격으로 구입할 수 있다. 타이완 의류시장의 트렌드에 대해서 바이치 2대 사장인 바이는 이런 견해를 밝혔다. "타이완 의류의 트렌드는 대부분 일본과 한국의 영향을 받는데, 일본과 한국의 상품은 또 대부분이 미국 스

반스(Vans), 스트레치(STRETCH), 아베크롬비 앤 피치(Abercrombie & Fitch) 등 브랜드 상품이 넘쳐나는 바이치에는 외국 관광객의 발길이 끊이지 않는다.

타일이고, 미국은 또 유럽 스타일로 거슬러올라가니, 타이완에 전해진 유행이라는 것은 대부분이 이미 몇 계절을 뒤쳐져 있습니다. 바이치는 정기적으로 직접 동남아 및 중국 대륙의 생산 공장에 가서 물건을 골라오기 때문에, 이곳에서 판매하는 스타일은 외국에 비해 한 계절 정도 늦을 뿐입니다. 백화점에서도 찾기 어려운 새로운 유행 스타일을 이곳에서는 찾을 수 있죠!"

1, 2, 3 아지스(阿吉師)의
일본 요리.
4. 셰 사장은 스시 초밥을
만들 때 밥을 너무 많이
올리지 않는다. 그렇지
않으면 초밥이 생선 본연의
맛을 가려버리기 때문이다.
5. 하카장의
하카센탕위안客家鹹易圓

스둥시장土東市場, 요리 장인 대모집!

5성급 전통 시장으로 꼽히는 스둥시장은 밝고 깔끔하며 환기도 잘되어 둘러보기에 무척 편하다. 1층에는 생기가 넘쳐흐르는 어물전, 정육점, 꽃 가게, 채소상, 잡화점 등이 가득하고, 2층으로 올라가면 수입 의류, 골동품, 귀금속 등이 기다리고 있으며, 양옆으로는 다양한 먹을거리도 있다. 음식 가격은 비싼 편이고, 이곳에 와서 쇼핑하는 사람들도 대부분이 부유층이나 외국계 인사들이지만, 시장 내에 야심차게 자리하고 있는 맛있는 요리들 덕분에 많은 손님이 '성지순례' 하듯 들른다.

활기로 가득한 시장 안에는 일본 요리 전문점 아지스阿吉師가 있다. 손님들이 테이블 앞에 서서 신선한 생선회와 초밥을 즐기고 있는 모습을 보노라면 일본 쓰키지 시장의 '다치노미立呑' '다치쿠이立食'의 모습을 떠올리게 된다. 아지스에는 별도의 가격표는 없으며 손님이 자유롭게 식재료를 선택할 수 있다. 500, 800, 1,200위안, 심지어는 더 높은 가격대를 선택하더라도 40년 동안 일본 요

요리하고 남은 생선 뼈, 생선이나 새우 대가리 등을
양배추와 푹 삶아낸 탕은 아지스가 고객들에게 제공하는 서비스다.

리를 만들어온 사장이 그에 맞는 요리를 만들어 내놓
는다. 아지스의 사장은 매일 새벽 3시면 지룽基隆에 가
서 신선한 활어를 구입해오고, 일부 진귀한 재료 또는
타이완에서 나지 않는 생선은 일본에서 공수해오기 때
문에 고객들은 각기 다른 예산 안에서 참새우, 한치,
새조개, 흑다랑어, 조개관자, 말똥성게, 코끼리조개,
넙치 등을 재료로 한 고급 요리를 맛볼 수 있다. 모든
재료가 신선하고 맛있기 때문에 아지스의 전설적인 요
리를 맛보려고 일부러 시장을 찾는 사람들도 많다.

스둥의 먹거리 중 또 하나 빼놓을 수 없는 것으로 하
카客家 마을 요리인 하카셴탕위안客家鹹湯圓이 있다. 십여 년 전부터 이 가게의 주인이 먀
오리苗栗에 사는 하카 여인에게서 그 기술을 직접 배워와 만들고 있다. 돼지 뼈를 푹 끓
여서 만든 국물에 손으로 직접 빚은 생선살 탕위안이나 소를 넣지 않은 희고 빨간 탕위
안을 넣는다. 10월부터 이듬해 4월까지는 쑥갓을 함께 넣으며, 나머지 계절에는 배추
나 부추로 대신하고 미나리, 마늘잎, 고수를 곁들인다. 마지막으로 버섯, 고기, 새우살
을 함께 볶은 것에 뜨거운 셴탕위안을 부어서 그 내용물을 더 풍부하게 한다. 이렇게
만들어낸 셴탕위안은 하카 사람들도 칭찬을 아끼지 않을 정도로
맛이 좋다.

푸퉁푸퉁 여행 Tip

**톈무체육공원(天母運動公園)과
야구장(棒球場)**

다카시마야(大葉高島屋)백화점 옆에 위치한 톈
무체육공원은 광활한 녹지가 있어 쇼핑 후에 지
친 몸과 마음을 쉴 수 있는 공간이다. 그 옆의 톈
무야구장은 매달 스타리그, 시즌오프 경기, 챔피
언스리그 등이 열려 야구팬들의 뜨거운 함성으로
달아오르는 곳이다.

타이베이 속 작은 일본, 톈무

톈무 일대에는 많은 일본계 사람들이 살고 있고 일본인 자녀를 위한 일본인 학교도 위치해 있어 미쓰코시^{新光三越}, 다카시마야와 같은 일본계 백화점도 더불어 생겨났다. 이곳의 다카시마야는 타이완에서는 최초로 백화점 안에 대형 아쿠아리움을 설치했다. 형형색색의 물고기와 비정기적으로 열리는 쇼는 쇼핑객의 사랑을 받고 있다.

미쓰코시 뒤쪽 골목에 있는 산밍탕^{三明堂}은 교토의 많은 가게들과 마찬가지로 아담한데, 가게 안에 들어서면 화과자로 가득한 쇼케이스가 바로 시선을 끈다. 찹쌀떡의 일종인 각양각색의 잉화마수^{櫻花麻糬}, 화젠퇀쯔^{花見糰子}, 리쭈이중^{栗最中}, 퉁뤄사오^{銅鑼燒} 등이 진열되어 있다. 친절하고 다정한 일본 할머니가 쇼케이스 앞에 서서 "어서 오세요" 힘차게 외치며 손님들을 맞는다.

일흔 살을 넘긴 이 '일본 할머니'는 사실 타이완 사람으로, 젊은 시절에 일본인에게서 화과자 만드는 기술을 배웠다고 한다. 매일 새벽 4,5시에 일어나 직접 쫄깃한 찹쌀 반죽을 만들고, 팥을 삶고 거르고 껍질을 벗기는 등의 과정을 거쳐 진하고 향긋한 팥 앙금을 만들어 다양한 화과자로 탄생시킨다. 새콤달콤한 딸기가 통째로 들어 있는 다푸^{大福}, 다이후쿠는 이 가게에서 가장 인기가 좋은 메뉴이다. 일본식 말차 한 잔을 곁들여 먹으면 일본풍 간식을 제대로 즐길 수 있다.

1. 산밍탕의 팥소는 달지도 기름지지도 않고, 안에 팥 알갱이가 그대로 살아 있어 맛있다.
2. 일본 벚꽃잎으로 싼 찰떡에 그 은은하고 맑은 꽃 향이 배어 있다.

❶ 샹샹메이스모시거시찬(鄉香美式墨西哥西餐)

주소 : 중산베이루(中山北路) 6단 705호
전화 : (02)2871-5289
영업시간 : 아침 6시 반~자정

❷ 츠츠칸(吃吃看)

주소 : 중산베이루 6단 770호
전화 : (02)2871-4678
영업시간 : 오전 9시~오후 9시
(일요일은 오전 10시~오후 9시)

❸ 파레이보빙(法蕾薄餅)

주소 : 중산베이루 7단 38항 7호 1층
전화 : (02)2874-9922
영업시간 : 오전 11시 반~오후 9시(월요일 휴무)

❹ 홍마오상싱(宏茂商行)

주소 : 중산베이루 6단 472호
전화 : (02)2871-8446
영업시간 : 오전 10시~오후 8시

❺ G&G

주소 : 중산베이루 7단 14항 6-1호 1층
전화 : (02)2876-8557
영업시간 : 오전 10시~오후 9시

❻ 푸리투무샤오츠(埔里塗母小吃)

주소 : 톈무둥루(天母東路) 8항 65호
전화 : (02)2875-6552
영업시간 : 오전 11시 반~오후 2시,
오후 5시~오후 9시
(매월 마지막 화요일 수요일 휴무)

❼ 바이치(白奇)

주소 : 중산베이루 7단 72호
전화 : (02)2873-1280
영업시간 : 정오~오후 9시
(금요일, 토요일은 오후 10시까지)

❽ 아지스(阿吉師)

주소 : 스둥(士東)시장 1층 88번 노점
전화 : (02)2834-6136
영업시간 : 오전 11시~오후 5시 월요일 휴무
특이사항 : 오전 8시부터 회를 팔고, 식사는 11시부터 한다.

❾ 하카좡(客家莊)

주소 : 스둥시장 2층 245번 노점
전화 : (02)2832-8779
영업시간 : 오전 10시 반~오후 7시 반(월요일 휴무)

❿ 산밍탕(三明堂)

주소 : 톈무둥루 22항 21-7호 1층
전화 : (02)2876-5283
영업시간 : 오전 9시~오후 9시 반

텐무 天母 map

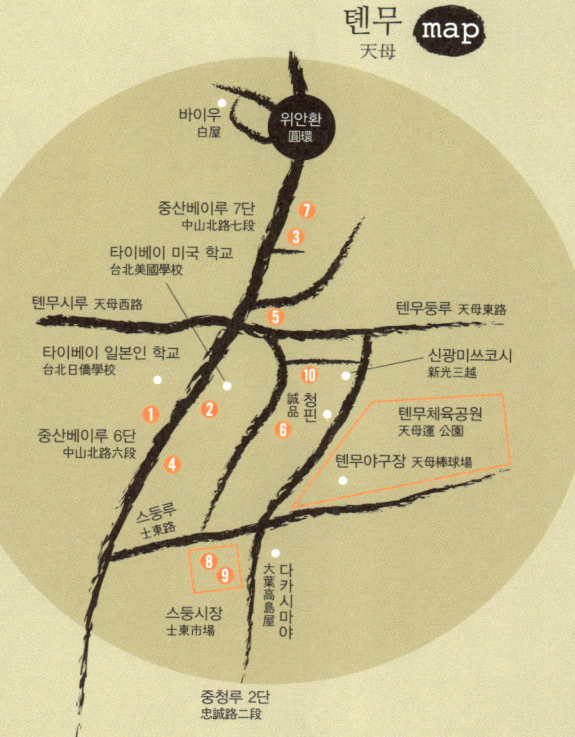

＊텐무 가는 교통편
MRT 즈즈산(至芝山) 역에서
220, 224, 267, 601, 685번 버스를 타면
톈무둥루(天母東路) 상권에 갈 수 있고,
220, 606, 616, 685번 버스를 타면
중청루(忠誠路) 상권에 갈 수 있다.

베이터우
北投

09 온천향 가득한 마을

MRT
베이터우北投 역
신베이터우新北投 역

Pa tauw

일제강점기에 베이터우는 최고위급 장교들이 온천욕을 즐기며 휴가를 보내던 곳이었다. 검은 기와로 지붕을 덮고 전나무로 기둥을 세운 일본식 가옥들이 오늘날까지도 산허리에 흩어져 있어 그 시대의 분위기를 재현하고 있다.

광복 이후 베이터우의 온천업은 '여성 종업원'이 손님들의 목욕 시중을 드는 일본식을 이어받으면서, '온천향溫泉鄉'에 화장품 향기가 더해지고, 점점 술꾼들이 환락을 좇는 '온유향溫柔鄉'이 되어갔다. 술기운이 귀까지 오를 무렵, 사방을 뛰어다니던 예술가들이 이곳에 와서 나가시*를 연주하곤 했다. 그 시절의 베이터우는 밤이면 밤마다 악기와 노랫소리가 끊이지 않고 흥겨웠지만 이제 일본 군관이 모두 철수하고 분 냄새도 옅어지면서, 이전의 평안하고 고요한 시골 마을의 모습으로 되돌아왔다. 구불구불한 산길을 걷노라면, 요즘에는 보기 드문 나무 전봇대가 늘어서 있고, 산길 양쪽으로는 가파르고 험준한 돌계단들이 보여, 마치 미야자키 하야오 감독의 애니메이션 속 세상으로 통할 것 같은 느낌을 받는다.

도시의 북쪽에 조용하고 수수하게 자리하고 있는 이 시대의 베이터우는 일본의 교토나 나라와 무척 닮은 듯하다. 가을밤 산책을 즐기기에 제격이며, 나무로 만든 하수구 덮개를 밟고 지나가노라면 아래에서는 유황 냄새가 쉼 없이 솟아 올라오고, 서늘한 새벽에 장을 보러 나가기에도 좋은, 활력으로 가득한 곳이다.

* 나가시(那卡西)는 일본어(流し)를 음역한 것으로, 옮겨 다니며 노래하는 사람들을 뜻한다. 처음에는 샤미센으로 연주하던 것이 나중에 아코디언, 기타, 전자오르간 등을 연주하며 일본어, 중국어, 타이완어 민요를 부르는 것으로 발전했다. 유명 나가시 가수 장후이(江蕙), 황이링(黃乙玲)도 젊었을 때 모두 베이터우에서 노래했다.

1940,50년대는 타이완 영화의 전성기였다. 많은 영화들이 일본 느낌이 나는 온천호텔을 촬영 장소로 썼고, 이 때문에 베이터우는 아직도 '타이완의 할리우드'라는 별명으로 불리곤 한다.

시간과 이야기를 이어받은 건축, 베이터우 고적

기다랗게 생긴 베이터우공원北投公園은 산의 형세를 따라 베이터우 계곡과 함께 졸졸 흘러내려오는 모양새다. 그 위에 시선을 잡아끄는 영국 빅토리아 양식의 건물이 한 채 서 있는데, 옛날에 주민들이 공중목욕탕으로 쓰던 건물로 현재는 베이터우온천박물관北投溫泉博物館이 되었다. 일본과 서양의 스타일이 함께 녹아 있는 이 건물 안에는 아케이드, 아치 모양의 창, 스테인드글라스가 있으며, 일본 시즈오카 현 이즈 온천을 본떠 지은 목욕탕과 다다미도 있다. 이전에 베이터우 주민들은 1층의 대형 목욕탕에 몸을 담갔다가 옷을 갈아입고 2층의 다다미로 올라가 차를 마시거나 장기를 두면서 휴식을 취하곤 했다. 이후 황폐해진 한 시절을 견뎌내고 온천을 주제로 하는 전시관으로 새롭게 태어나 베이터우온천의 발전사, 베이터우석北投石의 발견, 타이완 어로 된 베이터우 영상 등을 볼 수 있는 곳으로 거듭났다. 베이터우에 관한 지식을 얻을 수 있음은 물론 긴 회랑을 거닐며 신선한 공기도 들이마시고, 멀리 내다보이는 산수도 감상할 수 있는 멋진 공간이다.

일본식 건물 내부에는 글씨가 쓰여 있는 목간인 동자(棟札)가 있는 경우가 많은데, 이는 집을 지켜주는 부적 역할을 한다. 문물관 2층 지붕 골조에서 발견된 동자 뒤에는 이렇게 쓰여 있다. '가내안전자손번영(家内安全子孫繁榮)'.

베이터우문물관에서는 은은하게 퍼지는 편백나무 향과
다다미 향을 맡을 수 있다. 걷다 힘들면 다과를 즐기거나
가이세키(懷石)식 요리를 즐겨도 좋다. 창밖의 아름다운
풍경은 덤이다.

단수
이션

074
075

사오스선원의 음식은 맛과 영양이 모두
담긴 종합선물 세트다. 선원에서는 매년
일본 기술자를 불러 지붕의 검은 기와를
수리한다고 한다.

역사 고적이자 풍성한 전시품을 감상할 수 있는
또 한 곳, 베이터우문물관北投文物館은 그 역사가
1921년의 자산여관佳山旅館으로 거슬러올라간
다. 당시 자산여관의 목욕비는 6은원銀元으로,
2은원을 받던 룽나이탕瀧乃湯과 비교해도 그렇고
목욕탕이 딸린 다른 여관들과 비교해도 가장 비
쌌다. 그 당시의 자산여관이 얼마나 고급스러운
곳이었는지 알 수 있다. 지금의 베이터우문물관
은 온천 분위기가 옅어진 대신 정교한 문화를 알
리는 청아한 공간으로 바뀌었다. 자산여관이
베이터우문물관으로 바뀐 역사적 과정, 건축물
의 전통적인 공법 등에 관한 내용이 상시 전시되
고 있으며, 특별 전시는 한족과 평포족平埔族, 일
본인의 문화 비교를 주제로 하고 있다. 매주 토
요일마다 특별히 일본 다도 강사를 초빙해 다도
의 역사와 정신, 다구의 미학 등을 강의하고 있
는 점도 주목할 만하다. 다도 강의에 참여하는
사람들은 이를 통해 '선禪'을 체험할 수 있다.
베이터우문물관 곁에는 마찬가지로 일본식으로
지어진 건축물인 사오스선원少帥禪園이 있는데,
그 역사적인 뒷이야기 역시 흥미진진하다. 일제
강점기에는 고급 호텔이었다가 이후 일본 군관
의 클럽으로 쓰였으며, 중국공산당의 영웅 장쉐
량張學良이 감금된 곳이기도 하다. 오늘날의 선원
은 무거운 역사의 짐을 내던지고 느긋함과 편안
함이 감도는 분위기로 바뀌었으며, 요리들은 섬
세한 건강식 요리로 이루어져 있다. 고요한 점심
식사도, 석양이 비출 무렵 관인산의 형상도, 깊
은 밤의 베이터우 야경도 모두 사람들의 마음을
잡아끈다.

사진 제공 ⓒ 베이터우문물관

푸통푸통 여행 Tip

베이터우도서관

베이터우 공원의 울창한 나무숲 사
이에 목조 건물이 하나 우뚝 서 있
다. 바로 베이터우 도서관인데, 타
이완 전체에서 손꼽히는 친환경 건
물이다. 태양광 발전과 빗물을 재활
용하는 시스템을 갖추고 있고, 커다
란 통 유리창을 통해 햇빛을 자연스
럽게 안으로 들인다. 인문과 자연의
아름다운 어울림이다.

큰 그릇 가득 담긴 따스한 정, 베이터우시장北投市場

베이터우에 와서 온천을 즐기고 아름다운 음식을 맛보려면 신베이터우新北投 역의 산비탈을 향해 걸어야 하고, 타이완의 전통적인 맛을 보고 싶다면 베이터우시장 일대로 갈 것을 추천한다.

신성항新生巷을 따라 시장 쪽으로 조금 가다 보면 와자지껄한 가게 원지러우겅又吉肉羹을 만나게 된다. 가게 안은 늘 손님들로 북적인다. 한 그릇에 45위안인 원지러우겅탕에는 큼직한 고깃덩어리가 열 개 남짓 들어 있는데, 신선한 돼지 뒷다리살은 맛이 좋을 뿐 아니라 먹고 나면 속도 든든하다. 표고버섯, 당근, 목이, 죽순, 배추 등의 재료도 푸짐하게 들어 있으며 먹기 전에 식초를 약간 뿌리면 더욱 좋다. 이 외에도 원지의 돼지 입 고기, 토시살, 내장 역시 현지인들이 칭찬해 마지않는 음식들이다. 이어서 베이터우시장 2층으로 가면 일흔 살이 넘은 할머니가, 40년 가까이 운영해온 가게가 있는데 미펀탕米粉湯, 자위펜炸魚片, 자더우푸炸豆腐 이렇게 세 가지 메뉴만 판다. 자위펜에는 가시가 적고

살이 연한 상어 고기를 쓴다. 자더우푸의 두부는 콩 향기가 깔끔한 전통적인 판두부를 사용하는데 간장이나 가게에서 직접 만든 양념장에 찍어 먹으면 더욱 맛있으며, 시원하고 감미로운 미펀탕 한 그릇과 함께 먹으면 양도 딱 알맞다. 가격이 소박하다는 점 말고도 베이터우 음식의 또 다른 특징은 시원한 홍차 가게가 성업을 이룬다는 것이다. 건설업이 붐을 이루던 1950

차이위안이에서는 홍차 외에도 솬메이 주스, 버블 밀크티, 동과차 등을 판다.

푸통푸통 여행 Tip

다당파이(打擋牌) 택시

베이터우시장 앞에는 줄줄이 늘어선 오토바이들이 늘 대기하고 있다. 베이터우 지역에서만 볼 수 있는 특별한 택시다. 원래는 길이 좁은 탓에 심부름꾼. 음식점 배달원들이 오토바이를 타고 담배나 통조림을 사러 다녔는데, 도시가 정비되고 난 후 이곳 지리에 익숙한 이들이 시장에서 장을 보는 사람들을 실어나르기 시작했다. 심지어 세금이나 전기세를 내려 대신 은행에 가주기도 한다. 이렇게 하여 초기에 3.5위안에 불과했던 택시 요금이 현재는 40위안까지 치솟았다.

택시기사는 한 손으로는 장바구니를 들고, 다른 한 손으로는 안전모를 능숙하게 고객에게 건넨다. 이런 일상적인 모습에서 옛 시절 사람과 사람 사이에 흐르던 정이 느껴진다.

년대 베이터우에는 많은 노동자가 몰려들었고 그 때문에 시원한 홍차 가게가 많이 생겨
났다. 시장 근처에 자리 잡은 차이위안이藝元益는 사람이 끊이지 않는 유명한 가게이다.
진한 향의 홍차가 유명한 곳으로, 절대 티백을 사용하지 않고 신선한 찻잎을 끓여내 만
든다. 차가운 음료를 주로 판매하는 또 다른 가게 수이구이보구짜오웨이木龜伯古早味 는
인테리어부터 판매하는 음식들까지 모두 1930년대를 테마로 하고 있다. 어려서부터 타
이완 바이허강白河에서 자란 라이 씨는 옛날에는 사탕 공장에서나 맛볼 수 있었던 바나
나 기름 얼음에 아이스크림과 타로, 과일 젤리, 떡 등을 푸짐하게 얹은 '반주후이웨이빙
半舊回味冰'을 만들었다.

1. 미펀 아주머니의 철학은 메뉴가 다양하면 음식의 맛을 제대로 관리할 수 없다는 것이다. 이런 이유로 수년간 세 가지 메뉴만
고집해오고 있다. 2. 미펀탕은 15위안, 자위펀은 20위안, 자더우푸는 10위안. 맛도 좋고 경제적이다. 3. 혁신적인 메뉴인 솽셴나오나이
(雙仙鬧奶)는 입안에서 톡톡 터지는 사탕이 들어 있어, 어린아이들이 특히 좋아한다. 4. 5. 수이구이보의 구운 찰떡은 갈색 설탕으로
천천히 끓여 만들어 무척 부드럽다.

무녀가 밥 짓는 연기, 베이터우온천

핑포족이 처음 베이터우로 이주했을 때, 유황의 열기가 산에서 피어오르는 것을 보고 무녀의 거처라고 여기고는 "Patauw, Patauw ^{핑포족 말로 '무녀'라는 뜻}라고 외쳐서 '베이터우'라는 지명이 생겨났다고 전해진다.

베이터우의 온천 역사는 매우 유구하다. 그 시작은 1896년으로 거슬러 올라가는데, 일본인 히라타 겐고가 타이완 최초의 온천여관 톈거우안^{天狗庵}을 열었다. 이것이 바로 룽나이탕의 전신이다. 룽나이탕은 일제강점기부터 저렴한 가격으로 유명했는데, 오늘날까지도 여전히 초기의 방식을 고수하여 음식과 숙박은 겸하지 않는 순수한 일본식 온천장으로 운영하고 있다. 전통 있는 온천여관 외에도 높은 지대에 자리해 베이터우의 산수 절경을 만끽할 수 있는 춘톈호텔^{春天酒店}도 있다. 고급스러움을 내세우는 싼얼싱관^{三二行館}은 객실이 다섯 개밖에 되지 않으며, 널따란 방에서 호화로운 온천욕을 즐길 수 있다. 일본풍의 목조건물이 특징인 싼탕온천^{三湯溫泉}은 옛 일본 거리에 서 있는 듯한 느낌을 준다. 이처럼 각각의 특색을 가진 온천여관들 덕분에 과거와 현재를 두루 느낄 수 있다.

흰 연기, 유황, 달의 쓸쓸함

옛날에는 가족들과 함께 베이터우에 놀러 가면 디러구^{地熱谷}에서 달걀을 삶았다. 그 시절에는 달걀, 새알, 옥수수, 고구마 따위를 파는 노점들이 일렬로 늘어서 있어서 관광객들은 이곳에서 먹을 것을 산 뒤 보도를 따라 뜨거운 물이 세차게 흐르는 천연온천 계곡까지 걸어가 바구니에 달걀 등을 넣고 뜨거운 물에 담가 삶았다고 한다. 하지만 화상을 입는 경우가 많이 발생하고, 계곡의 환경 보호 문제가 점점 대두되면서 나중에는 이런 행위가 금지되었다. 지금은 달걀을 삶을 수 없지만, 관광객들은 여전히 보

디러구의 물 온도는 섭씨 90도 정도로 다툰산 일대에서 가장 뜨겁다. 온천물이 샘솟는 구멍이 밀집해 있고, 가득한 하얀 수증기 탓에 신비로운 느낌을 준다. 초기에는 '디위구(地獄谷, 지옥 계곡)' '모후(魔湖, 마법의 호수)'라는 별칭도 있었다.

도로를 따라 걸어 난간을 사이에 두고 김이 피어오르는 디러구를 감상할 수 있다.

조금 멀리 양밍산^{陽明山} 산자락 방향으로 가면, 더 넓게 펼쳐진 룽펑구^{龍鳳谷}와 류황구^{硫磺谷}를 만날 수 있다. 룽펑구는 톈무황지^{天母磺溪}의 상류에 있고 류황구는 베이터우 황강지^{磺港溪} 상류에 있다. 두 곳 모두 분기공, 유기공, 천연지열 온천 등이 빼곡하게 자리하고 있어 이곳 역시 베이터우온천의 원천이라 할 수 있다. 이곳에 와서 드넓게 펼쳐진 황량한 광경을 바라보노라면 달에 오르는 듯한 초현실적인 분위기를 맛볼 수 있다.

---

❶ 베이터우온천박물관(北投溫泉博物館)

주소 : 베이터우구(北投區) 중산루(中山路) 2호
전화 : (02)2893–9981
영업시간 : 오전 9시~오후 5시(월요일 휴무)

❷ 베이터우문물관(北投文物館)

주소 : 베이터우구 유야루(幽雅路) 32호
전화 : (02)2891–2318
영업시간 : 오전 10시~오후 5시 반(월요일 휴무)
입장료 : 200위안
홈페이지 : www.folkartsm.org.tw
특이사항 : 문물관은 음성 관람 안내 서비스를 제공하며, 휴일에는 안내 전담 인력이 있다.

❸ 사오스선원(少師仙園)

주소 : 베이터우구 유야루 34호
전화 : (02)2893–5336
영업시간 : 오전 10시~오후 10시
입장료 : 150위안(해당 금액만큼 물건을 구매해도 된다)

❹ 원지러우겅(文吉肉羹)

주소 : 베이터우구 신성항(新生巷) 6호
전화 : (02)2897–9026, 2893–6636
영업시간 : 오전 6시~오후 2시 반

❺ 미펀탕(米粉湯), 자위펜(炸魚片), 자더우푸(炸豆腐)

주소 : 베이터우시장 2층 429번 노점
영업시간 : 오전 7시 반~오후 1시(월요일 휴무)

❻ 차이위안이훙차뎬(蔡元益紅茶店)

주소 : 베이터우구 신스제(新市街) 15호
전화 : (02)2891–0602, 2894–6022
영업시간 : 오전 8시 반~오후 11시

❼ 수이구이보구짜오웨이(水龜伯古早味)

주소 : 베이터우구 궁관루(公館路) 19호
전화 : (02)2894–7785
영업시간 : 정오~오후 11시 반

❽ 룽펑구(龍鳳谷), 류황구(硫黃谷)

교통 : 베이터우 역에서 버스 230번,
마을버스 25번을 타고, 둔쉬궁상 역에서 내린다.

디러구
地熱谷

춘텐호텔
春天酒店

쌴얼싱관
三二行館

중산루 中山路

광밍루
光明路

푸지사
普濟寺

유야루
幽雅路

허펑관
荷豐館

다예루 大業路

MRT

신베이터우 역
新北投站

중앙베이루 1단
中央北路一段

광밍루
光明路

MRT

베이터우 역
北投站

신성항
新生巷

溪
館
양
관

원천안루
溫泉路

궁관루
公館路

룽나이탕
瀧乃湯

황강루
礦港路

신스제
新市街

베이터우
北投
map

단수이
淡水

10 작은 마을, 큰 강

MRT
단수이 역

Tam sui

톈무의 이국적인 정취가 미국과 일본식이라면, 북쪽으로 올라와 단수이에 도착하면 유럽의 이국적인 색채를 느낄 수 있다. '후웨이滬尾'라 불리던 단수이의 역사는 거슬러 올라간다. 예전부터 평포족은 이곳에서 물고기를 잡고 사냥하거나 논밭을 경작하며 간단한 무역 등으로 생활했다. 이후 16세기 스페인과 네덜란드에 잇따라 점령당했던 까닭에 오늘날까지도 단수이의 크고 작은 거리에서 유럽식 고적을 만나볼 수 있다.

1860년에 단수이가 정식으로 개항한 뒤 장뇌樟腦, 찻잎, 유황, 아편의 수출입은 모두 단수이항을 거쳤기 때문에 단수이는 당시 타이완 최대의 무역항으로 자리매김했다. 하지만 시간이 지나면서 어선이 정박하는 항구에 퇴적 문제가 발생하고, 일제강점기에 지룽항基隆港이 생겨나면서 단수이의 빛나는 시절은 역사의 뒤안길로 사라졌다.

1901년 열차가 다니던 베이단선北淡線 철로 이야기도 빼놓을 수 없다. 최초로 다다오청에서 단수이로 향하던 이 철도는 수많은 단수이 사람들 기억 속에 자리 잡고 있다. 1988년에 마지막 열차가 운행된 이후 10여 년이 흐른 뒤 MRT 단수이선이 생겨나면서 다시금 많은 사람들이 찾아들고 관광 산업이 발전할 기회를 맞았으나 현지인들은 과거 단수이의 소박한 아름다움이 사라질까 염려하고 있다.

단수이 고적들의 유구한 역사

단수이의 고적들은 과거에 '푸딩埔頂'이라 불렸던 전리제
眞理街 일대에 집중적으로 모여 있다. 이 일대에는 고요
하고 아늑한 작은 골목이 많은데, 오래된 고적과 하늘을 찌를 듯 우뚝 솟은 나무들이
골목 좌우에 늘어서 있다. 먼저 최근 몇 년 사이에 보수를 거친 샤오바이궁小白宮으로 가
보자. 샤오바이궁은 과거 단수이 학생들이 부르던 애칭으로, 이곳은 처음에는 관세 관
련 사무를 보던 관저였다. 이곳에 진주해 있던 서양인들이 고향을 그리워하며 지은 서
양식 가옥이 즐비하다. 문 앞에는 아치형 회랑을 설계하여 타이완의 무더운 여름에 햇
볕을 피할 수 있도록 했다. 건축물 자체를 감상할 수 있을 뿐만 아니라 건물 내부에서는
정기적으로 주제가 바뀌는 전람회와 창밖으로 드넓게 펼쳐진 풍경을 감상할 수 있어,
샤오바이궁에 지적인 매력과 감성적인 매력을 더해주고 있다. 전리제의 두 번째 고적은
유명한 가수 저우제룬周杰倫과 전 총통 리덩휘李登輝의 모교인 단장淡江중학교로, 영화
〈말할 수 없는 비밀〉의 촬영지로도 유명하다. 이 학교는 교정 가득 감도는 예술적 분위
기뿐 아니라, 교내의 거의 모든 건물이 고적이라고 할 수 있다. 팔각로, 대예배당, 여학
교 건물, 민남식 농가를 닮은 체육관부터 교내에서 유일한 일본식 건물인 매키 기념도
서관 및 매키 공원묘지, '시짜이묘西仔墓' 또는 '판짜이묘番仔墓'라고 불리는 외국인 공원
묘지 등 많은 고적이 모여 있어 산책하기에 좋은 곳이다. 이어서 전리제의 끝으로 가다
보면 전리대학眞理大學을 지난 후 1628년에 지어진 홍마오청紅毛城에 도착하게 된다. 홍마
오청은 스페인 사람이 세운 것으로, 당시에는 '산토 도밍고 성'이라 불렸었다. 이후 네덜

원조 유부집, 아게이阿給

단수이 거리에는 수없이 많은 '아게이' 가게가 있다. 대체 어느 집이 제일 오래된 가게일까? 만약 현지
에서 단수이 사람에게 묻는다면 그들은 모두 이렇게 말할 것이다. "전리제(眞理街) 6-1호, 간판도 이름
도 없는 그 집이 정통 아게이 원조집이죠!" 아게이는 네모난 유부를
잘라 양념을 버무린 당면을 채워넣고, 마지막으로 생선장으로 입구
를 봉해, 찜통이나 전기밥솥에 찐 것이다. 아게이라는 이름은 유부를
뜻하는 일본어 발음 '아부라게이'를 줄인 것이다. 이 가게의 양 할머
니는 단수이 거리에서 비슷한 음식을 먹어본 후, 손수 만든 달콤하면
서도 매운 장을 더해 유일무이한 단수이의 명물을 만들어냈다. 아게
이는 손으로 직접 만들기 때문에 일일 판매량이 한정되어 있다. 먹고
싶은 관광객이라면 필히 서둘러야 할 것이다.

1. 홍마오청(紅毛城)
2. 전리대학(眞理大學)
2. 3. 전리대학 내의 리쉐탕(理學堂) 다수위안(大書院). 캐나다 옥스퍼드의 매키 박사가 지은 것으로, 이 때문에 옥스퍼드 칼리지(位津學堂)라고 불린다. 이 건물의 특별한 점은 중국과 서양의 장점을 융합했다는 것인데, 전통적인 민(閩)식 지붕에 서양의 천창을 달고, 한쪽에는 서양식 교회당 창문을, 한쪽에는 중국식 첨탑 조형물을 두는 식이다.
4. 5. 단장 중학교
6. 단수이예배당

란드 사람들이 재건하면서 그 이름을 '안토니아 성'으로 바꾸었는데, 현지인들이 네덜란드 사람들을 '홍마오紅毛' 또는 '홍이紅夷'라고 부른 까닭에 홍마오청이라는 이름을 얻게 되었다. 홍마오청은 긴 세월 영국에 조차되어 영국 영사관 사무실로 쓰이다가 1980년에 이르러서야 중화민국정부에 반환되었다. 400년 가까운 역사가 담긴 이 고적에 들러 옛 시절의 풍채에 물들어보는 것도 좋다. 전리제 외에 마셰제馬偕街 또한 들러봄 직하다. 좁은 골목에 우뚝 선 붉은 벽돌 건물 단수이예배당淡水禮拜堂은 몇 차례 보수를 거친 고딕식 교회이다. 건물 외관은 뾰족한 아치형 창문, 버팀돌, 종루 모두 정교함이 엿보이며, 백 년이 넘은 종과 1906년부터 있었던 오래된 풍금도 보존되어 있다. 그 옆의 후웨이셰이관滬尾偕醫館은 매키 박사가 맨 처음 환자를 보았던 곳으로, 후에 의료기관을 중산베이루로 옮기고 건물을 확장하여 매키 기념의원馬偕紀念醫院이 되었다.

라오제^{老街}의 특산품과 기념품

라오제에는 유명 음식점들도 많이 모여 있다. 전통 있는 가게들이 몇 세대를 이어올 수 있었던 까닭은 그만의 기술과 맛을 가지고 있기 때문이다. 겉보기에는 그다지 시선을 끌지 못하는 이위파이구義裕排骨는 3대째 이어져 내려오고 있는 가게로 80년 전통을 자랑한다. 단골손님 중에는 초등학생이었다가 어른이 되고 결혼을 해 아이와 함께 찾아오는 이도 많다. 영화감독이나 배우들도 단수이로 촬영을 오면 반드시 들러가는 곳이다.

이곳 사장이 들려주는 맛의 비결은 이렇다. "다른 가게의 자파이구炸排骨는 냉동 돼지고기를 사용하기 때문에 해동하고 나면 물이 빠져서 고기 자체의 맛보다는 튀김옷으로 맛을 내는 수밖에 없지요. 하지만 우리 가게에서는 신선한 돼지고기를 잘 다진 후 천연 콩으로 만든 간장에 이틀간 재어두기 때문에 고기의 맛이 배가 되고 느끼하지 않아요." 뜨거운 쌀밥 한 그릇과 반찬 몇 가지를 곁들여 먹는 그 맛은 수십 년이 흐르도록 변함없이 사람들의 입맛을 사로잡고 있다. 그 밖에도 파이구몐排骨麵, 자나위판迦納魚飯, 홍러우판烊肉飯도 추천 메뉴이다. 다시 거리를 따라 걷다 보면, 마찬가지로 긴 역사와 전통을 자랑하는 싼셰청빙푸三協成餅鋪가 있다. 젠빙煎餅* 가게에 현지의 색채를 더한 곳으로, 단수이 고적의 역사를 소개하는 자료를 제공하고, 다양한 젠빙 틀과 그림, 방송 다큐멘터리 등을 전시해두었다. 이 자그마한 젠빙 가게에서 관광객들은 다양한 젠빙을 맛보고 가게에서 세심하게 준비한 뜨거운 차도 마실 수 있을 뿐 아니라, 단수이를 즐기기 위한 자료도 얻을 수 있어 일석이조이다.

1. 이위파이구는 초창기에는 훙더우탕(紅豆湯)도 팔고, 얼음도 갈아주는 잡화점으로 시작했다.
2. 사장인 천씨는 열한 살 때부터 고향 단수이의 작은 마을 풍경을 사진으로 기록해두고 있다.
3. 가게에서 직접 만든 간베이샤오위간(干貝小魚乾), 더우반장(豆瓣醬)은 인근 주민들이 자주 찾는 조미료다.

* 우리나라 부침개와 비슷하나, 멕시코 음식 토르티야처럼 돌돌 말아 먹는다.

 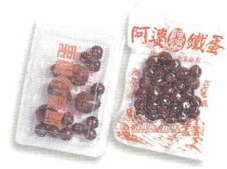  

단수이의 맛집은 그 수를 셀 수 없을 정도이다. 입이 심심할 때는 바삭바삭한 아샹샤쥐안阿香蝦捲과 뜨거운 어묵 한 그릇을, 목이 마르면 갈증 해소에 그만인 매실차를, 톄단鐵蛋이 먹고 싶으면 커다란 용수나무 가까이에 있는 아포톄단阿婆鐵蛋을 추천한다. 아포톄단은 현지인들도 자주 찾는 가게이다. 오래 앉아 이야기 나눌 공간이 필요할 때는 라오제 근처의 좁은 골목길에 나 있는 돌계단을 따라 올라가면 백 년 역사의 홍러우紅樓가 나타난다. 건물 1층에는 예스러운 멋을 풍기는 중국 음식점이 있고, 3층의 Red 3 cafe에서는 닭다리 구이, 비프스테이크, 훈제 연어 리소토 등을 맛볼 수 있다. 유럽식 애프터눈 티와 향긋하고 달콤한 허니머핀도 있으니, 북적한 관광지에서 고요함을 찾아 단수이의 풍경을 감상하기에 그만이다. 이 때문에 홍러우는 많은 관광객의 사랑을 받고 있다.

1990년대에 건물주가 노란색 시멘트로 풍화의 흔적을 지우고 일부 공간을 학생들이 머물 수 있도록 나누어준 적이 있다. 이 때문에 홍러우(紅樓)는 역사상 한 번 '황러우(黃樓)'가 되었다.

커피, 강, 엽서

라오제의 강기슭을 따라 끝까지 가면 후웨이항구趣尾
漁港가 나온다. 과거 제1항구로 불린 곳으로, 왁자했던
사람들의 소리가 지금은 적어졌지만 여전히 순박한
어촌 풍경을 느껴볼 수 있다. 이곳에 자리 잡은 여러
카페 중에는 화려하면서 낭만적인 곳도 있고 무척 소
박한 곳도 있다. 가지와 뿌리가 뒤얽혀 드리운 커다란
용수나무 아래서 강비탈에 앉아 석양과 강 건너 관인
산觀音山을 감상하거나 낚싯대를 들고 일일 어부가 되
어볼 수도 있다.

항구를 걷다 보면 흰색 벽에 녹색 문틀의 작은 건물이
한 채 보이는데, 문 앞에는 옛 시절의 우체통이 세워져
있고 나무 벤치도 하나 놓여 있다. 이곳은 단수이어어업
생활문화영상관淡水漁業生活文化影像館으로, 단수이 토박
이 아중阿忠이 어협에 수차례 요청하여 60년 역사를 지
닌 유류 창고를 개조해 만든 것이다. 20년 동안 아중은
흑백필름을 끼운 낡은 카메라 한 대를 들고 뱀장어, 조
개, 소라 등을 잡는 어부들의 삶과 소녀의 미소, 라오
제의 반짝이는 야경 등을 사진으로 기록해 지역색이
넘치는 엽서를 만들었다. 이 엽서는 여행객들에게 단수
이의 순박함과 있는 그대로의 모습을 느끼게 해준다.

취재 당일. 마침 단수이에서 제일 젊은 어부가
결혼을 하고 있었다. 건물 안에는 아중(阿忠)
이 어부를 찍은 엽서들이 있었고, 이날 어부와
신부는 촬영을 위한 풍경을 골랐다.

연인들과 어부들의 부두

후웨이항구가 가장 아름다운 때가 황혼 무렵이라면 위런부두漁人碼頭는 어두운 밤에 더욱 멋진 곳으로, 연인의 손을 잡고 예쁘게 불 밝힌 셰창교斜張橋를 걷는 낭만을 즐길 수 있다.

위런부두는 후웨이항구의 진흙 퇴적이 나날이 심해져 대형 선박이 드나들기 어려워지자 사룬싱沙崙興에 건설된 부두이다. 현지 어부들에게 이곳은 배를 대고 그물을 정리하고 삶을 꾸려나가는 터전이고, 여행객들에게는 파랑, 하양, 빨강, 초록 네 가지 색채가 쉼 없이 색을 바꾸는 연인들의 다리이자 시민들에게는 휴일에는 콘서트를 즐기고 어시장을 구경하고 강의 풍경을 마음껏 감상할 수 있는 공간이다. 심신의 긴장을 풀어주는 타이베이의 뒤뜰이라고 할 수 있다.

철도를 사랑하는 사람들의 낙원, 난팡례처팡南方列車坊

라오제를 멀리 벗어나 단장대학교淡江大學 방향으로 가다 보면 작은 골목 안에 특별한 열차 식당이 숨어 있다. 어려서부터 스린 기차역 뒤쪽에서 살아온 왕선생의 남편은 일제 강점기에 타이완 철도부의 수하물 계원을 지내다가 검표원, 차장을 거쳐 신베이터우 기차역의 역장을 지냈다. 왕선생은 미소 띤 얼굴로 말한다. "어렸을 적에는 잠들기 전에 기차가 칙칙폭폭 남으로 북으로 오가는 소리를 들었지요. 훗날 기차역을 떠난 뒤에는 고요한 밤이 오히려 적응이 안 되더라고요." 이처럼 기차에 익숙한 환경에서 자연히 기

차에 대한 특별한 감정이 생겨났고, 사라진 베이단 선北淡線을 추억하기 위해 식당을 열자고 마음먹게 되었다. 열차 골목 안에 전통적인 디젤 기차를 모방하여 설계한 기차 칸이 있고, 벽에는 각지의 철도광들이 보내온 사진, 독일 기차 모형 업체가 기증한 포스터가 붙어 있다. 여러 해 동안 수집한 기차 모형과 기차 철도 전문 서적 등도 칸마다 진열되어 있다. 정기적으로 전나무로 만든 기차 한 대가 지붕 위쪽의 고리형 철로를 철커덩거리며 지나간다. 옛 시절의 추억이 담뿍 담긴 이 작은 식당은 일본 홋카이도 역의 차장도 해마다 들러 모임을 가질 정도로 유명하다.

왕선생은 특별히 「설탕공장, 철도, 우편열차」 등 철도 그림책을 펴낸 적 있는 친구 리창밍에게 부탁해 가게 컵받침과 슈거백을 만들었다.

1. 철도 마니아들은 저마다 다양한 재미를 찾는데, 각 역 열차표를 수집하거나, 역마다 다니며 사진을 찍고 각지의 철도 도시락을 맛본다. 난팡례처팡 왕선생의 경우에는 다양한 철도 모형을 수집한다.
2. 단수이는 도시의 북쪽에 위치하고 있는데, 왜 '난팡(南方), 남쪽 례처팡'이라고 불렀을까? 이유인즉슨 왕선생의 아내가 바로 1990년대에 활약했던 민요 듀오 난팡이중창(南方二重唱)의 '다난팡(大南方)'이기 때문이라고 한다. 그래서일까, 가게 안에서는 언제나 맑은 민요 가락을 들을 수 있다.
3. 난팡례처팡의 최고 인기 메뉴인 거스사궈(各式砂鍋). 사과 등 재료를 더해 끓여 육수를 만들고, 풍부한 재료로 끓여낸 뚝배기 요리이다. 인근 학교 학생들의 인기를 한 몸에 받는 메뉴이다.

❶ 샤오바이궁(小白宮)

주소 : 신베이시(新北市) 단수이구(淡水區) 전리제(眞理街) 15호
전화 : (02)2628-2865
영업시간 : 오전 9시 반~오후 6시(월요일 휴무)
입장료 : 일반 40위안, 우대권 30위안

❷ 훙마오청(紅毛城)

주소 : 신베이시 단수이구 중정루(中正路) 28항 1호
전화 : (02)2623-1001
영업시간 : 오전 9시 반~오후 10시
　　　　 (오후 6시 이후는 실외 구역만 개방)

❸ 라오파이아게이(老牌阿給)

주소 : 신베이시 단수이구 전리제 6-1호
전화 : (02)2621-1785
영업시간 : 오전 5시~오후 3시, 그날 수량 다 팔면 문 닫음
　　　　 (첫 월요일 휴무)

❹ 이위파이구(義裕排骨)

주소 : 신베이시 단수이구 중정루 56호
전화 : (02)2622-7638
영업시간 : 오전 11시~오후 8시

❺ 산셰청빙푸(三協成餅舖)

주소 : 신베이시 단수이구 중정루 81호
전화 : (02)2621-2177
영업시간 : 오전 9시~오후 9시

❻ 훙러우(紅樓) Red 3 cafe

주소 : 신베이시 단수이구
　　　　 싼민제(三民街) 2항 6호 3층
전화 : (02)2625-8855
영업시간 : 오전 11시~새벽 1시
　　　　 (금요일과 토요일은 새벽 2시까지)
홈페이지 : www.rc1899.com.tw

❼ 단수이어업생활문화영상관
(淡水漁業生活文化影像館)

주소 : 신베이시 단수이구 중정루 235호 옆골목 안
전화 : (02)2629-7584
영업시간 : 수요일~금요일 오후 3시~오후 7시
　　　　 토요일과 일요일은 오전 10시~오후 8시
　　　　 (월요일, 화요일 휴무)
홈페이지 : blog.yam.com/bnwphoto

❽ 위런부두(漁人碼頭)

교통 : MRT 단수이 역에서 훙(紅) 26번 버스로 갈아탄다.

❾ 난팡례처방(南方列車坊)

주소 : 신베이시 단수이구 보아이제 51항 1호 1층
전화 : (02)2629-2688
영업시간 : 오전 11시 반~오후 9시 반, 종일 식사 가능(월요일 휴무)
특이사항 : 휴일 점심은 가능한 한 12시 반 전에,
　　　　 저녁은 오후 6시 반 전에 예약하는 것이 좋다.

新蘆線
신루선

Taipei Trip

다다오청
大稻埕

---

11 옛것의 재현

MRT

솽롄 역
중산 역
다차오터우大橋頭 **역**

Da dao cheng

런던에는 템스 강이 있고, 파리에는 센 강이 있다. 그리고 타이베이에는 단수이 강이 있다. 옛날 멍자艋舺 일대에 무기를 동원한 싸움이 자주 발생하자 많은 평포족들이 거주지를 다다오청으로 옮겼다. 유유히 흐르는 큰 강을 곁에 끼고 있는 다다오청은 이 편리한 수로를 잘 활용하여 당시 타이베이에서 가장 번화한 물자 집산지가 되었다. 특히 찻잎, 포목 및 잡화의 무역 왕래가 가장 발달했다.

다다오청의 화려했던 시절은 이미 완전히 사라진 것일까? 백 년 가까운 시간이 흐른 뒤 우리는 여전히 왕유지차항王有記茶行에서 향기가 진한 좋은 명차를 마시고, 융러시장永樂市場에서 유명한 천을 고르고, 디화제迪化街에서 난베이간휘南北乾貨를 구매하고, 골목 안 가게에서 정통 타이베이 음식을 맛볼 수 있다. 한 채 한 채 늘어서 있는 독창적인 옛 주택들도 이 땅을 묵묵히 지켜주고 있어 다다오청에 흐르는 백 년의 여운은 사라지지 않고 더 많은 이들이 찾아와 그 여운에 젖어들길 기다리고 있다.

다다오청의 명물 먹을거리

새벽 6시가 갓 넘은 시간, 인근 초등학교가 아직 수업을 시작하기도 전에 시장 근처의 민러치위미펀民樂旗魚米粉은 이미 왁자지껄 손님이 들기 시작한다. 메뉴는 가느다란 면발의 소박한 쌀국수인 미펀米粉 한 그릇이다. 신선한 청새치를 푹 고아 끓인 국물에 돼지기름과 파로 만든 기름장과 부추를 얹으면 쌀국수의 맛이 한층 더 좋아진다. 쌀국수 외에도 자오아수炸蚵仔酥, 자홍짜오러우炸紅糟肉, 자샤런炸蝦仁 등 각종 튀김 종류도 만나볼 수 있는데, 해물과 육류에 바삭바삭한 튀김옷이 잘 어우러져 한번 먹으면 반드시 다시 찾게 되는 중독성이 있다.

근처 융러시장 안에도 사람들의 혀를 깜짝 놀라게 하는 전통 음식이 많이 숨어 있다. 인근은 물론이고 멀리까지 이름이 난 린허파유판林合發油飯은 설에는 설떡인 녠가오年糕와 파인애플 케이크 뤄보가오蘿蔔糕, 청명절에는 홍구이궈紅龜粿와 차오짜이궈草仔粿, 단오절에는 쭝쯔粽子*를 판매하는 등 연초부터 연말까지 각종 전통 간식을 판매하고, 1년 사계절 내내 하루도 쉬지 않고 유판油飯과 위터우궈芋頭粿를 파는 등 타이완의 전통 풍속과 함께 백 년 넘는 세월을 지나오고 있다. 그중에서 가장 유명한 것은 미웨유판彌月油飯으로, 그릇 하나 가득 담긴 향긋한 냄새의 유판에 루지투이滷鷄腿와 초생강, 붉게 물들인 달걀 두 알을 곁들여 먹는다. 많은 단골손님들은 제대로 된 이 손맛을 잊지 못하고 회사나 상점에서 주문해 점심으로 먹기도 한다. 일본이나 홍콩 사람들도 이 유판을 먹기 위해 멀리서 찾아올 정도이다.

마찬가지로 시장 안에 있는 류리춘줴안피하오六料春捲皮號 역시 주민들이 사랑하는 전통 있는 가게이다. 사장이 날렵한 솜씨로 반죽을 뜨겁게 달궈진 팬 위에 펼치면 얇고 바삭한 룬빙潤餅**이 만들어진다. 일반 가정에서뿐만 아니라 아침식사를 파는 가게나 신예

---

* 찹쌀을 대나무 잎사귀나 갈댓잎에 싸서 삼각형으로 묶은 후 찐 음식. 단오절에 굴원을 기리기 위한 풍습이다.
** 베트남의 스프링롤이나 멕시코의 부리토처럼, 채소와 고기 등 다양한 재료를 채워 동그랗고 반투명한 반죽 피에 말아먹는 음식이다.

欣葉처럼 유명한 음식점에서도 이곳의 룬빙을 주문해
간다. 2대 경영자인 왕사장은 수줍은 목소리로 "대기
업 회장님도 직접 우리 룬빙을 사가곤 합니다"라고 말
했다. 좋은 빙피餠皮는 약간 투명한데, 가루와 물의 적
당한 비율을 맞추기가 무척 어렵다. 어려서부터 부친
에게 배운 왕사장은 지금 빙피 한 장을 만들어내는 데
몇 초 걸리지 않지만, 이를 위해 수십 년의 노력을 기
울여왔다. 기존의 맛이든 새로 연구하여 개발한 맛이
든 모두 뜨거울 때 바로 먹으면 소박한 밀가루 향이 입
안에 퍼지는데, 이는 말로 다 표현하기 어려운 행복한
맛이다.

또 하나 빼놓을 수 없는 맛집으로 마이멘옌짜이賣麵炎仔
가 있다. 융러초등학교 후문에 위치한 이 가게는 보기
에는 보통 음식점이고 파는 것 또한 평범한 체짜이멘
切仔麵과 헤이바이체黑白切이지만 매일 10시가 조금 넘
으면 인근 주민들이 속속 몰려드는 모습을 볼 수 있
다. 그중에는 매일같이 오는 손님도 있고, 2대, 3대에
걸쳐 단골인 손님도 있다. 재료가 신선하다는 것이
마이멘옌짜이의 가장 큰 특징인데, 정육점과는 3대
째 관계를 이어오고 있는 덕분에 재료 자체의 품질을
잘 파악하고 있다. 매일 새벽 갓 튀긴 유충쑤油蔥酥,
직접 훈제해서 만든 사위옌鯊魚燻, 끓인 싼청러우三層
肉, 튀긴 사오러우燒肉를 주문하면 바로 썰어 손님 인
원수에 따라 분량을 계산하여 시원한 국물의 체짜이
멘에 곁들여준다. 맛의 비결은 사실 이렇게 간단하다.
다다오청의 가게들은 대부분 새벽부터 영업을 시작해
서 점심 무렵이면 문을 닫는 전통적인 영업시간을 유
지해오고 있다.

차를 마시고, 감상하고, 유람하고

다다오청을 거닐며 음식들을 맛보고 난 뒤에는 길을 돌아 차오양 공원朝陽公園 근처에 있
는 유지밍차有記名茶에 들러도 좋다. 차를 맛보거나 구입하는 것 외에도 차 문화에 대해
궁금하다면 이곳이 더없이 좋은 장소다. 다다오청에서 백 년 세월을 지내온 유지밍차는
현재 4대를 이어온 왕렌위안王連源 씨가 경영하고 있다. 전통적인 차 제작 방식을 지켜오
는 것 외에도 왕사장은 차 마시는 문화를 더욱 널리 보급하고 차 인구가 더욱 젊어지기
를 바라고 있다. 매장 앞은 전통 대바구니에 각종 찻잎을 담아 진열해두었고, 각양각색
의 다구도 전시해놓고 판매하고 있다. 왕사장은 "비싸다고 반드시 좋은 차는 아닙니다.
차를 마실 때는 개인의 취향이 가장 중요합니다"라고 말한다. 그렇기 때문에 유지밍차
는 늘 손님들에게 친절하게 차에 대해 소개하고 손님들이 차를 시음해볼 수 있도록 해
준다. 매장의 뒷부분에는 장인이 전통적으로 찻잎을 덖는 기술을 보존해 이곳을 찾은
사람들이 참관할 수 있도록 했다.

디화제에 위치한 민이청民藝埕은 원래는 타이난방台南幫 기업의 허우위리候雨利가 포목업
을 하던 곳이었다. 전쟁의 포화를 겪고 주인이 바뀌면서도 온전한 삼진식三進式 형태*를
유지하고 있으며, 현재는 실용적인 생활 공예품을 널리 보급하는 민이청이 진주해 각
층의 공간에 새로운 생명력을 불어넣고 있다. 1층 앞쪽은 주로 타이완 본토의 도자기
예술품과 일본 도자기 장인 야나기 소리柳宗理의 생활 도자기를 전시·판매하고 있다. 초
록 식물이 가득하고 햇살이 밝게 스며드는 중앙 뜰이 있어 실내 공간의 협소한 느낌을
없애준다. 뜰 옆에 있는 계단으로 2층에 올라가면 1920년대 서양 음악이 흘러나오는 난
제더이南街得意 찻집이 있다. 이곳은 한창 번영했던 시절의 모습을 재현함으로써 타이완
에서 가장 먼저 서양 문물을 받아들이고 대외 무역이 가장 활발했던 곳이 다다오청임

을 보여주고 있는데, 찻잎 무역이 이곳의 번
영을 이끌었기 때문이다. 난제더이에 앉아
중국식과 서양식 건물이 혼재되어 있는 창
밖 거리를 내다보며 야나기 소리가 만든 찻
잔을 들고 명가에서 엄선한 차를 음미하노
라면, 옛 시절 대부호 집안의 거실에 앉아
차를 마시는 듯 여유로운 마음이 절로 생겨
난다.

* 일렬로 배열된 공간이 크게 세 곳으로 분할되어 있는 건축 형태. 안으로 들어갈수록 침실, 욕실 등 사적인 공간이 배치된다.

아시아 최고의 인형박물관

린류신기념인형극박물관林柳新紀念偶戲博物館은 규모는 작지만 아시아에서 가장 많은 인형을 소장하고 있는 곳이다. 타이완의 전통 인형극 부다이시布袋戱부터 베트남의 수상 인형극, 캄보디아의 그림자극, 중국 대륙의 지방극, 미국과 유럽 스타일의 나무 인형극까지 만나볼 수 있다. 생동감이 넘쳐 살아 숨 쉬는 듯한 얼굴은 인간 군상의 축소판처럼 보인다. 이 인형들을 조용히 관람할 수 있을 뿐만 아니라 직접 움직여볼 수 있는 인형도 준비되어 있어 꼭두각시 인형을 직접 움직여보는 즐거움도 누릴 수 있다. 공방 강좌에 등록하면 매주 토요일에 나더우극장納豆劇場에서 인형극을 관람할 수도 있다.

푸통푸통 여행 Tip

인형극박물관의 작은 에피소드

70대 고령의 천시황(陳錫惶)은 리텐루(李天祿)의 아들이자 인형극박물관의 명인이다. 인형극박물관에서 일하는 선생이 자신의 사부가 외부 공연 때 사용했던 보물상자를 열어서 보여주었는데 그 안에는 천시황이 손수 제작한 교습용 인형이 있었다. 그것은 특별히 속이 들여다보이는 의상을 입혀 세밀한 조작까지 학생들이 이해할 수 있게 도와준다. 후세에 자신의 기술을 전승하려는 마음이 느껴져 감동적이다.

박물관에서는 대가의 풍모를 보여주는 국보급 예술가이든 진취적이고 열정적인 젊은이든 할 것 없이 문화예술에 대한 인간의 열정을 느낄 수 있다. 이곳에 한번 들러본다면 신비로운 이 인형들에 분명히 매혹당할 것이다.

추억의 시절을 재단하다

성황묘城隍廟 근처의 융러시장永樂市場은 타이베이에서 가장 큰 규모를 자랑하는 포목시장이다. 1층은 재래시장으로 각종 신선한 채소와 과일, 김을 내뿜는 음식을 팔고 있으며, 2층은 한 칸 한 칸 포목점이 들어서 있다. 3층에서는 치파오를 주문·제작하거나 옷감을 수선해준다.

융러시장에서는 마음에 드는 천을 골라 손가방을 만들 수도 있다. 만드는 과정이 간단하면서도 자신이 원하는 스타일로 만들 수 있어 좋다. 영화 〈화양연화〉에서 장만옥이 입은 치파오와 같은 천을 골라 치파오를 주문·제작할 수도 있다. 원한다면 그곳에 있는 재단사가 돋보기안경을 끼고 주름이 가득한 손으로 신체 치수를 재서 근사한 치파오를 만들어줄 것이다. 융러시장에서는 고전적인 영국식 꽃무늬나 화려하고 섬세한 실크부터 거칠거칠한 촉감의 굵은 삼베, 무대 효과가 뛰어난 반짝이 천까지 한 필 한 필 그 무늬와 재질을 감상하고 느껴볼 수 있다.

옛날에는 어머니의 커다란 꽃무늬 치마 한 벌을 잘라서 딸들이 입을 여름철 셔츠를 만들곤 했다. 같은 천으로 만든 옷을 자매들이 나란히 입던 그런 시절의 풍경은 더 이상 보기 힘들어졌다. 융러시장에서는 각양각색의 다채로운 천을 만날 수 있으므로 이곳을 찾는 사람들은 이 세상에 단 하나뿐인 자기만의 천을 만날 수 있다.

디화제^{迪化街}를 아홉 번 거닐다

디화제는 전국 각지의 잡화가 모여드는 집산지이자 오랜 역사를 간직한 가게들이 모여 있는 곳이기도 하다. 디화제 북쪽에 있는 리팅샹^{李亭香}은 월병과 같은 각종 중국식 화과자를 파는 곳으로, 타이베이 사람들은 인생의 여러 중요한 순간들을 거의 이곳의 과자와 함께한다. 아이를 낳은 지 4개월째 되는 날에는 '서우커우수이빙^{收口水餅}'을 먹는데, 어른들은 이 서우커우수이빙을 목걸이처럼 엮어 아이의 목에 걸어주고 축복의 말을 들려준다. 결혼식 때 사용하는 전통적인 시빙^{喜餅}은 낭쿼핑시빙^{囊括平西餅}, 자리러우빙^{咖哩肉餅}, 짜오니허타오^{棗泥核桃}, 뤼더우빙^{綠豆椪} 등 다양한 종류가 있다. 그밖에도 입에 넣으면 살살 녹는 옌메이가오^{鹽梅糕}가 있는데, 옛날에는 지금처럼 팥빙수 종류가 많지 않아서 옌메이가오를 으깨서 빙수 위에 얹어 먹었다.

이곳은 음식으로 옛 시절을 추억하게 하는 장소가 되기도 한다. 리팅샹 옆에 있는 장지화룽^{江記華隆}은 이 거리에 고기 냄새를 퍼뜨리는 가게이다. 원래는 장씨 가족들이 4대를 이어온 '화룽포목'이었던 이 가게는 이미 백 년이 넘는 역사를 간직하고 있다. 포목업에 흥미를 느끼지 못

한 지금의 사장은 30여 년의 세월 동안 고기를 말려 가루로 만든 조미채 러우쑹[肉鬆]을 만들었고 문외한에서 탈피한 뒤 노련한 전문가로 거듭났다. 할머니의 오랜 손기술을 이어받아 만든 천연 콩기름으로 각종 러우쑹과 러우간[肉乾], 육포의 일종인 러우즈[肉紙] 등을 만들고 있다. 질 좋은 원자재와 제작 기술 덕분에 장지의 러우쑹은 향긋하고 바삭하며 섬유질이 풍부하다. 러우즈는 투명할 정도로 얇고 담백하며 느끼하지 않아서 한번 먹기 시작하면 멈출 수가 없다. 이밖에도 디화제에는 꼭 들러볼 만한 전통 가게가 몇 군데 더 있다. 린펑이상싱[林豊益商行]은 다다오청에서 90년 동안 자리를 지켜온 곳으로 대나무로 만든 제품을 판매한다. 찜통, 체, 바구니, 조리 도구 등 전통적인 대나무 제품이 없는 게 없다. 3대째 이어져 내려오고 있는 라오몐청상싱[老屹成商行]은 전통적인 문화를 계승해서 각종 크기와 모양의 종이 초롱, 궁등[宮燈], 천등[天燈] 등을 판매하고 있다. 이런 가게들 모두 각자의 특색을 지닌 채 오랜 세월 이 거리를 지켜왔다.

다다오청을 바꾸는 예술가들,
옛 거리에서 만나는 예술과 문학의 향기

디화제는 최근 몇 년간 예술적이고 창의적인 예술가들이 끊임 없이 찾아와 자리를 잡으면서 다다오청의 얼굴을 새롭게 만들 어주고 있다. 그중에서 융러시장 입구에 위치한 쥐천스다야오 팡屈臣氏大藥房은 옛 모습과 새로운 모습이 어우러진 건물 외관 이 사람들의 시선을 끈다. 화재를 입은 적이 있는 이 건물에는 현재 예술가들이 만든 모임 샤오이청小藝埕이 들어와 있다. 그 들은 다다오청이 원래 가지고 있는 차와 천 문화를 활용하여 타이커란台客藍, 인화러印花樂 등 자신들의 독특한 브랜드를 만들어 현지의 특색 있는 상품들을 더욱 빛낼 수 있는 창 조적인 포장을 디자인해냈다. 최근 타이완의 분위기가 가득한 1920s 서점을 열어, 여행 객들이 타이완 문화를 더욱 잘 이해할 수 있도록 돕고 있다. 2층으로 올라가면 건물의 내부를 한눈에 볼 수가 있는 루궈카페爐鍋咖啡가 있다. 책 한 권, 커피 한 잔과 함께하다 보면 긴 창문을 통해 들어오는 부드러운 햇살에 더욱 빠져들게 된다.

햇살, 공기, 물, 사랑

다다오청 일대에는 사당이 무척 많은데
그중에서 가장 유명한 곳은 바로 디화제
에 있는 샤하이성황묘霞海城隍廟이다. 해
마다 밸런타인데이나 칠석, 추석이 되
면 사당 앞에는 인연을 기원하는 선남
선녀들이 모여든다. 자세히 보면 그중에
는 일본과 홍콩에서 온 관광객도 적지
않다. 현장에서 자원봉사자들의 해설을
들으며 전통적인 의식을 따라 제사를 지
내며 행복한 사랑을 기원한다. 크지 않
은 이 사당이 사랑을 기원하는 국내외
관광객들의 발길을 잡는 이유는 성황 월
하노인의 영험함을 믿기 때문이기도 하
고 사랑이 생명의 네 가지 요소와 어깨
를 나란히 하기 때문인지도 모른다.

무통무통 여행 Tip

성황묘에서 결혼할 짝을 구하고 싶다면?

자신의 짝을 신에게 구하고 싶거든, 결혼할 때 나
눠주는 축하 사탕인 시탕(喜糖), 붉은 줄, 납으로
된 가짜 동전을 사서 제물로 바치고, 종이돈, 향
과 함께 절을 올려야 한다. 속으로 '성황님께서 책
임져주세요, 월하노인님 도와주세요'라고 말한다.
그러고 나서 월하노인에게 이름, 나이, 주소, 이상
형, 그리고 소원이 성취되면 무엇으로 약속을 지
킬지 이야기한다. 보통 시빙(喜餅)으로 갚겠다고
하면 된다. 마지막으로 붉은 줄을 묘 앞 향로 위에
서 세 바퀴 돌
린 다음, 몸에
지니면 된다.

바로크와 작은 달콤함

구이더제貴德街 일대까지 걸어가다 보면 바로크식 저택과 유럽식 건물을 볼 수 있다. 길모퉁이에 있는 붉은 벽돌 건물은 리춘성기념교회당李春生紀念敎堂이다. 리춘성은 청년 시절, 영국 상점의 찻잎 판매원으로 취직했고, 그의 노력은 성과를 거두어 타이완 차를 해외 수출의 효자 품목으로 만들었다. 이로 인해 그는 '타이완 차의 아버지'라고 불리고 있다. 다시 북쪽으로 가다 보면 무척 화려한 유럽식 건물이 우뚝 서 있는데, 이 건물은 '차의 거물' 천톈라이陳天來가 살았던 집이자 그가 경영했던 진지차항錦記茶行 건물이다. 2층은 당시에 찻잎을 파는 상인들이 모여들던 초대소이다.

구이더제를 떠나 구이수이제歸綏街와 가까운 환허베이루環河北路로 가보면 유서 깊은 유치원이 있다. 일제강점기에 구셴룽辜顯榮이 관염官鹽 전매권을 얻은 후 단수이 강변에 옌관鹽館 사무실을 지었는데, 우아한 이 건물은 네오르네상스 건축물에 속한다. 광복 후에는 룽싱합창단榮星合唱團 건물로 사용되다가 1963년에 룽싱유치원榮星幼稚園으로 바뀌었다. 풍격 있는 이 고적들은 전통 주택과 현대식 아파트 사이에서 다다오청의 번영과 불황의 모든 세월을 함께 했다.

옌관

천톈라이 옛집

❶ 민러치위미펀(民樂旗魚米粉)

주소 : 민러제(民樂街) 3호
전화 : (02)2556-7824
영업시간 : 오전 6시 반~12시 반

❷ 린허파유판(林合發油飯)

주소 : 융러시장(永樂市場) 1층 1041번 노점
전화 : (02)2559-2888
영업시간 : 오전 7시 반~12시 반

❸ 류리춘쥐안피하오(六利春捲皮號)

주소 : 융러시장 1층 1011번 노점
전화 : (02) 2559-2473
영업시간 : 오전 8시~12시

❹ 마이멘옌짜이(賣麵炎仔)

주소 : 안시제(安西街) 106호
전화 : (02)2557-7087
영업시간 : 오전 9시~오후 4시 반
(휴일은 오후 3시까지)

❺ 유지밍차(有記名茶)

주소 : 충칭베이루(重慶北路) 2단 64항 26호
전화 : (02)25555-9164
영업시간 : 오전 9시~오후 8시 반(일요일 휴무)

❻ 민이청(民藝埕)
(난제더이南街得意)

주소 : 디화제(迪化街) 1단 67호
전화 : (02)2552-1367
영업시간 : 오전 9시~오후 7시

❼ 린류신기념인형극박물관
(林柳新紀念偶戲博物館)

주소 : 시닝베이루(西寧北路) 79호
전화 : (02)2556-8909
영업시간 : 오전 10시~오후 5시
(월요일 휴무)
입장료 : 성인 80위안, 어린이 50위안

❽ 융러직물시장(永樂布市)

위치 : 융러시장 2~3층
영업시간 : 오전 9시~오후 6시
(일요일 휴무)

❾ 리팅샹빙푸(李亭香餅舖)

주소 : 디화제 1단 309호
전화 : (02)2557-8716
영업시간 : 오전 9시~오후 8시
(일요일에는 오후 7시까지)

❿ 장지화룽(江記華隆)

주소 : 디화제 1단 311호
전화 : (02)2552-8327
영업시간 : 오전 8시~오후 9시
(일요일은 오후 7시까지)

⓫ 샤오이청(小藝埕)

주소 : 디화제 1단 32항 1호
전화 : (02)2552-1321
영업시간 : 오전 9시~오후 7시

⓬ 샤하이성황묘(霞海城隍廟)

전화 : (02)2558-0346
영업시간 : 오전 6시 반~오후 7시 반

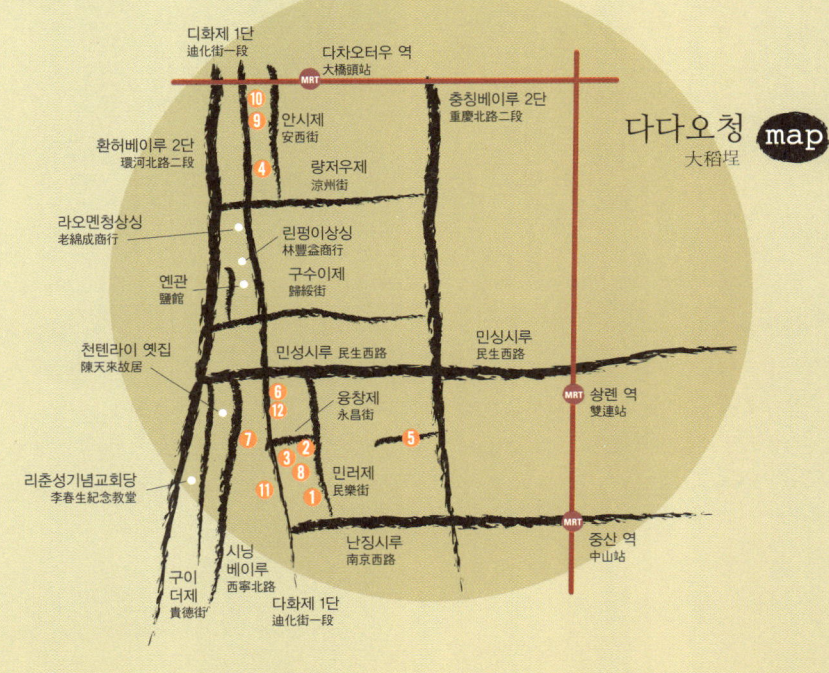

Xing Tian Temple

타이베이에서는 어린아이가 경기를 하거나, 열이 나면 아프면 싱톈궁으로 와서 아픈 아이의 혼을 불러들이는 수경收驚 의식을 행하곤 했다. 그럴 때면 아이는 의식 후에 맛보게 될 떡 톈미가오甜米糕 생각에 늘 기대에 부풀었고, 어른들은 아이에게 사당 안에서 룽옌龍眼의 껍질을 벗기게 하고, 룽옌 알맹이를 말린 푸위완러우福圓肉를 먹도록 했다.

여름철 학기말 시험 때가 되면 싱톈궁에 와서 문창제군文昌帝君에게 "저는 ○○년 ○○월에 태어난 XXX입니다. 시험 잘 볼 수 있게, 이번에 제출되는 문제 모두 풀 수 있게 도와주세요……" 하는 식의 기도를 올리는 아이들도 있다. 싱톈궁은 타이베이 사람들의 역사 속에서 떼려야 뗄 수 없는 곳이다.

서민의 기도 소리가 울려퍼지는 곳

관성제군關聖帝君을 주로 모시는 싱톈궁은 1967년에 세워졌다. 『삼국지』의 맹장 관우는 용감하고 전쟁에 능하며 일편단심으로 충성스럽고 의리가 깊어 무신武神으로 불리며, 회계와 재무 관리에도 특별한 재능을 보여 상업의 신으로도 불린다. 그런 까닭에 상업 활동이 활발한 타이베이에서 싱톈궁의 향불은 꺼질 줄 모르고 늘 타오르고 있다.

싱톈궁에 오면 수경 의식을 행하기 위해 길게 줄지어선 사람들을 볼 수 있다. "병이 있는 자는 병을 낫게 하고, 병이 없는

자는 평안함을 지켜주옵소서." 싱톈궁을 찾는 이들은 연령도 직업도 다양하지만 모두 싱톈궁의 영험한 수경 의식 때문에 찾아오는 것이다. 짙푸른 색의 긴 도포를 입은 자원봉사자 샤오라오성效勞生이 손에 향을 들고 입으로는 경문을 낭송한 뒤 교도들 몸에 손을 긋는 것으로 수경 의식을 완성한다. 당사자가 직접 오는 경우도 있지만 아기나 노인 등 거동이 불편한 사람이 아프면 그들이 입었던 옷을 가지고 와서 수경 의식을 치를 수도 있다.

싱톈궁에는 특이한 점이 하나 있는데, 그것은 바로 예물로 동물과 금종이를 올리는 것을 금한다는 것. 입장하여 제배할 경우 필요한 건 딱 두 가지, 향 두 가닥과 꽃 혹은 과일이면 된다.

점집 거리, 쏸밍제算命街

싱톈궁 지하도는 예전부터 과일 가게와 향 가게가 집중적으로 모여 있었는데, 10~20년 세월이 흐르면서 점집이 속속 생겨나기 시작했다. 타이완 자국민뿐 아니라 일본 관광객들도 이곳을 찾아 사주를 보고 점을 친다.

젊은 남녀는 사랑과 결혼에 대해 묻고, 결혼한 이들은 아들을 낳을지 딸을 낳을지 묻는다. 사업이나 한 해의 운세를 묻는 이도 있고 인생의 갈림길에서 방황하거나 큰 어려움에 부딪힌 이들이 해답을 찾고자 오는 경우도 있다. 관상이나 손금, 팔자는 물론이고 자미두수, 새 점, 쌀 점 등 모두 볼 수 있다. 일본 고객이 많은 까닭에 점술가들은 일본에 가서 일어를 배워오기도 하며 '일본어 가능합니다'라고 써 붙인 곳도 많다.

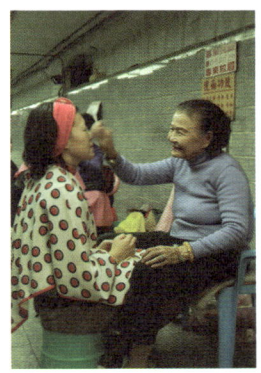

쏸밍제 한쪽에 있는 얼굴 마사지 가게.
의자에 앉은 할머니가 입에는 가느다란
실을 물고, 노련한 동작으로 아가씨의
얼굴을 마사지하고 있다.

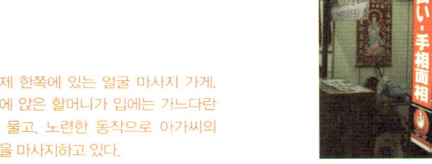

❶ 싱톈궁(行天宮)
주소 : 민취안둥루(民權東路) 2단 109호
전화 : (02)2502-7924
영업시간 : 새벽 4시~오후 10시 반
유의사항 : 수경(收驚) 시간 오전 11시 20분~오후 9시 반
　　　　　　(오후 2시 반~3시, 오후 7시 반~8시 휴식)

❷ 쏸밍제(算命街)
위치 : 쑹장루(松江路)와 민취안둥루가
　　　교차하는 지하도

싱톈궁 map
行天宮

쑹장루
松江路

젠궈베이루
建國北路

푸싱베이루
復興北路

❶
❷

민취안둥루
民權東路

싱톈궁 역 MRT
行天宮站

민성둥루
民生東路

중산중학교 역 MRT
中山國中站

Yung Kang Street

예전 융캉제에는 류공전增公圳 지류가 흘러와 오늘날의 스다도서관師大圖書館과 융캉제 14항十四巷을 지나갔다. 풍부한 수원으로 인해 푸르른 논두렁길은 뛰어난 경관을 자랑했다. 일제강점기에 융캉제는 '푸주팅福住町'으로 불렸으며 검은 기와집들은 일본 관원들의 숙소로 제공되었다. 또한 멋스러운 자갈길이 깔려 있었던 탓에 이 구역의 거주 환경은 더욱 돋보였다. 같은 시기에 타이베이감옥도 여기 있었는데, 현재의 리수이제 麗水街 일대이다.

1970년대로 오면서 시 정부는 중위안대학中原大學 위자오칭 교수에게 위탁하여 이 구역을 공원 거리와 오락 거리로 설계했다. '이 지역은 차가 아닌 사람들의 삶을 위한 공간입니다'라는 모토 아래 도로의 사용권을 행인에게 우선시함으로써 융캉제에 조용하고 쾌적한 분위기를 정착시켰다. 그 덕분에 오늘날 우리는 융캉제 일대를 거닐 때 옛날의 농촌 분위기나 일본 주택의 고풍적인 분위기를 느낄 수 있으며 인간미 가득한 공원과 작은 골목들은 마치 공간을 통해 흘러간 시간의 이야기를 들려주는 듯하다.

타이베이의 대표 간식

융캉제 일대는 외국 관광객이 많아서 반드시 먹어
봐야 하는 대표 간식도 무척 많다. 융캉제에 진입한 뒤 진산난루金山南路
를 따라 둥먼시장東門市場 방향으로 가다 보면 마수빙푸馬叔餅舖에서 솔솔 흘러
나오는 카오빙烤餅 굽는 냄새를 맡을 수 있다. 참깨를 갈아 걸쭉하게 만든 즈마장芝麻醬이
들어 있는 카오빙은 베이징에서 흔히 볼 수 있는 간식으로 베이징의 식당이나 길거리에
서 쉽게 만나볼 수 있다. 이 가게의 1대 주인은 지인이 베이징에서 배워온 전통 기술을
이어받았다. 카오빙을 화덕에서 꺼내어 루뉴젠滷牛腱을 끼워 넣으면 독특한 동양식 햄버
거가 된다. 이어서 융캉제 입구에 있는 딘타이펑鼎泰豊으로 가보자. 만두의 일종인 샤오
룽탕바오小籠湯包로 일본 맛집 순례단을 끌어당긴 전설적인 이 가게는 『뉴욕타임스』 선
정 세계 10대 레스토랑에 꼽히기도 했다. 가게의 또 다른 메뉴인 샤러우정자오蝦肉蒸餃
와 위안중투지탕元盅土鷄湯도 모두 꼭 맛봐야 할 상하이 음식이다. 몇 가게 건너에 있는
반백 년 역사의 정지메이스正記美食에도 손님이 적지 않다. 여러 종류의 한약재와 향신료
에 절여서 만든 오리 요리 난징반야南京板鴨는 달콤 짭짤한 맛이 가장 큰 매력이다. 점심

때가 되면 근처 직장인들이 몰려들어 옌수이야鹽水鴨와 차사오카오야叉燒烤鴨를 도시락으로 포장해간다. 한쪽에 놓인 투명한 찬장 안에는 루웨이鹵味, 라웨이臘味, 간단한 밑반찬 등이 다양하게 놓여 있다. 충카오지위蔥烤鯽魚, 야전鴨胗, 라창臘腸 등도 모두 추천할 만한 메뉴이다. 베이징, 상하이, 난징 등 외부 음식들에 대한 이야기는 이만 끝내고 절대 빼놓을 수 없는 타이완의 뉴러우몐牛肉麵을 만나보자. 융캉뉴러우몐永康牛肉麵은 오랜 전통이 있는 가게이다. 부드럽게 절인 사태와 양지머리와 푸짐한 양의 면발이 시원한 국물과 어우러진 훙사오뉴러우몐紅燒牛肉麵을 찾는 손님이 끊이질 않는다. 그 옆에 있는 촨웨이라오장川味老張의 대표 음식은 토마토를 넣은 판체뉴러우몐番茄牛肉麵으로, 진하지만 절대 느끼하지 않은 국물이 이곳의 자랑거리이다. 골목에 위치한 자커뒤뉴러우몐住客多牛肉麵의 쫄깃한 짜장면 면발은 탄력 있는 면 요리를 좋아하는 손님들의 많은 사랑을 받는다. 소고기를 좋아하는 사람이라면 중리뉴자장中麗牛家莊에 들러볼 것을 권한다. 뉴러우몐 한 그릇과 인야장쓰마오두銀芽薑絲毛肚, 충바오뉴신蔥爆牛心, 사차뉴러우沙茶牛肉, 뉴짜탕牛雜湯을 곁들이면 그 자리에서 소고기로 차려진 만찬을 즐길 수 있다.

중리뉴자장 장쯔신관, 마오두

라오장 판체뉴러우몐

융캉훙사오뉴러우몐

슈란은 간단한 요리도 매우 훌륭하다. 파를 곁들여 붙어 구이인 충카오지위(蔥烤鯡魚),
고기 절임 두부인 셴러우더우푸(鹹肉豆腐), 충화위터우(蔥花芋頭) 등은 모두 한번쯤 맛볼 만한 요리이다.

골목 식당 천천히 즐기기

중국 음식점은 사람이 대부분 버글거리고 지저분하며 기름때가 잔뜩 끼었다는 인식이
박혀 있지만, 융캉제에는 깨끗하고 분위기 있는 작은 식당도 있다. 주방부터 홀까지 반
짝반짝 광이 날 정도로 깨끗한 모습으로 손님을 맞는다. 바로 슈란샤오츠(秀蘭小吃)가 그
런 가게이다. 처음에는 면 음식과 간단한 요리를 위주로 판매하는 작은 식당이었다가
차츰 장쑤 성과 저장 성의 정통 가정식 요리로 그 메뉴가 바뀌었다. 이곳에는 유명한 요
리가 무척 많다. 단골의 엄청난 사랑을 받고 있는 스쯔터우바이차이사궈(獅子頭白菜砂鍋)는
고기를 손으로 직접 두드려서 만들어 고기의 탄성이 좋을 뿐만 아니라 두부나 다른 재
료를 섞지 않아 고기 자체의 부드러운 식감을 즐길 수 있다. 또 다른 인기 메뉴 중 하나
인 훙충카오파이구(紅蔥烤排骨), 볜젠쏜지탕(扁尖筍雞湯), 육질이 신선하고 단맛이 나는 바이
체지(白切雞), 쓴맛에 달콤함이 더해진 카오제차이신(烤芥菜心), 쫄깃하고 씹는 맛이 좋은 빙
탕티방(氷糖蹄膀) 등 모두 전문가의 손끝에서 탄생한 훌륭한 요리들이다.

이야기, 그리고 차

융캉공원 근처에 위치한 후이류(回留)는 배우 금성무(金城
武)가 일본 아시아 항공(JAA)의 타이완 홍보 영상을 찍었
던 곳이다. 이 때문에 많은 일본 관광객이 찾아와 금
성무가 차를 마셨던 테이블에 앉았다 가곤 했지만 내

부 수리를 마친 후에 그 '명당' 자리가 사라지고 말았다. 그러나 오랜 세월 후이류가 지켜온 채식과 차 예술의 결합은 조금도 변함이 없다.

채소 요리를 고집스럽게 지켜오고 있는 후이류는 식재료인 과일과 채소 대부분을 유기농 농장에서 직접 구입한다. 또한 동서양이 결합된 방식으로 요리를 하기 때문에 이곳에서는 중국식 마장멘麻醬麵과 새싹 채소가 결합된 샐러드나 전통적인 카오빙에 신선한 채소와 과일을 끼워 만든 음식을 맛볼 수 있다. 이런 음식들을 먹노라면 깨끗한 자연이 그대로 몸속에 와서 담기는 느낌이다. 미국계

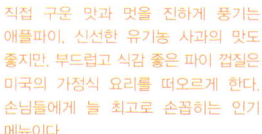

완두 싹, 양배추, 토마토 등 채소를 가득 넣은 후이류의 수차이마장멘(蔬菜麻醬麵)은 영양만점이다.

직접 구운 맛과 멋을 진하게 풍기는 애플파이, 신선한 유기농 사과의 맛도 좋지만, 부드럽고 식감 좋은 파이 껍질은 미국의 가정식 요리를 떠오르게 한다. 손님들에게 늘 최고로 손꼽히는 인기 메뉴이다.

인 이곳의 사장은 아내와 주방장과 함께 창의적인 채식 메뉴를 개발할 뿐만 아니라 나무 테이블도 직접 만들고 주전자와 접시 등도 손수 빚는다. 덕분에 언뜻 보기에는 소박한 후이류에 독창성이 반짝인다.

융캉제 31항으로 오면 일본식 가옥과 짙은 녹음 가운데 예탕후차쿵젠治堂壺茶空間이 숨어 있다. 입구 양쪽의 나무문이 활짝 열려 있지만 자세히 보지 않으면 일반 가정집으로 오해하기 쉽다. 이곳은 확실히 '가게'라고 부르기는 어렵다. 차 문화에 종사한 지 30년이 된 허젠何健 씨는 단순한 찻잎 가게나 다도 공간을 여는 데에 만족하지 않고 모든 사람이 들어올 수 있도록 공간을 개방했다. 그리고 찻잎 구매 방법, 차 우리는 법, 차를 맛보는 법 등을 알고 싶어하는 사람이 있으면 먼저 차를 한잔 따라주고 차의 효능이나 문화 등에 대해서 상세하게 설명해준다. 외국 고객이나 젊은 세대들이 타이완 차의 역사와 차에 얽힌 이야기 등을 듣고 싶어하면 진열장 안의 차 관련 물건들을 하나하나 설명해준다.

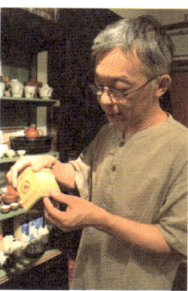

리수이제麗水街에 위치한 관쯔차서점罐子茶書舖은 또 하나의 '차를 찾는' 공간이다. 이곳은 책방이기도 하고 찻집이기도 하며 동시에 현대예술의 전시 공간이기도 하다. 차를 즐기는 이들이라면 공통적으로 겪는 어려움이 일반 서점에서 차 문화와 관련된 서적을 찾는 것이 쉽지 않

다는 점이다. 관련 책이 거의 없거나
일부 책은 일찌감치 절판되어버린 이
런 상황에서 관쯔는 타이완에서 출
판된 각종 차 관련 서적을 수집하는
데 힘썼다. 차 입문, 다기, 다석茶席

등 차 문화와 관련된 서적들을 이곳에서 찾아볼
수 있다. 오래전부터 고미술 서적도 함께 다루고 있는데 중
국, 타이완, 홍콩에서 제작한 정교하고 아름다운 예술 서적
절판본이 유통될 수 있도록 서로 지원하고 있기 때문에 타이
완에서 출판된 책을 오히려 대륙에서 수집해오기도 한다.
차 문화에 흥미가 있는 여행객이라면 다석을 사전 예약하는
것도 좋다. 다석을 예약하면 차에 조예가 깊은 전문가가 다
도 시범을 보여준다. 자리에 앉아 강사가 시범으로 차를 우
려내는 걸 보며 차와 관련된 질문이나 상식 무엇이든 물어볼
수 있다. 드넓은 차의 세계에 처음으로 발을 들이는 사람에
게 이 시간은 무척이나 알차게 다가올 것이다.

위스키커피가 있는 복고풍 카페

중국식 찻집 외에 커피를 마실 수 있는 공간도 마련되어 있다. 홍베이저烘焙坊에서 커피를 마시며 샌드위치로 아침식사를 즐길 수도 있고, 오후 내내 융캉제의 울창한 정원에서 시간을 보낼 수도 있다. 진화제金華街 뒤쪽으로 가면 1970년대 건물을 개조한 복고풍 커피숍 샤오쯔유小自由가 있다. 주철로 만든 등, 근사하게 조각된 나무문, 대리석 난간과 같은 실내의 기본적인 인테리어 요소들엔 변함이 없지만 공간을 새롭게 조합 배치하면서 이 건물이 처음 생겼을 그 시대의 정서를 충실히 재현해냈다. '작은 자유'라는 이름처럼 가게 내부는 실제로 유동성 있게 커피숍과 위스키 바, 타이완 식재료로 프랑스식 디저트를 만드는 짜이훙홍제과在欉紅點心舖를 함께 운영하고 있어 요즘 유행하는 말로 '믹스매치'를 제대로 맛볼 수 있다. 이런 방식은 커피를 만드는 과정에서도 드러나는데, 여름에는 새콤하고 달콤한 매실주 아이스커피를, 겨울에는 살짝 취기가 오르는 위스키커피를 마실 수 있다. 굵은 설탕과 진한 에스프레소를 칵테일처럼 흔들어서 만드는 '흔들어라! 아이스커피'를 주문해 입안에 오래도록 감도는 진한 커피 향을 맛볼 수도 있다.

공정무역의 정신은 중간상이나 다국적 기업이 소비자를 착취하지 못하게 막고 소비자가 지불한 돈이 제3세계 생산자의 손에 바로 들어가게 하는 데에 있다.

작은 가게 거닐기

융캉제 거리 자체는 길지 않지만 길 양옆에 곁가지처럼 뻗어나간 골목들과 근처의 진화제, 리수이제 등에 독특한 매력을 지닌 가게들이 제법 숨어 있다. 칭톈제青田街 쪽으로 가다 보면 하늘을 가리는 고목들과 일본식 주택이 가지런히 늘어서 있는데 그 길도 산책하기에 무척 좋다. 융캉공원 옆에 있는 샹르쿠이생활관向日葵生活館에서는 세계 각국에서 수집해온 생활용품을 만나볼 수 있다. 일본의 사기 그릇, 인도의 수공예 천, 네덜란드의 델프트 블루 등 볼거리가 셀 수 없이 많다. 공원을 따라 진화제 243항으로 가면 공정무역을 주장하는 디추수地球樹가 있는데 이곳은 제3세계의 수공예품을 위주로 판매하고 있다. 색채가 강렬하고 강한 생명력이 느껴지는 천 인형, 에코백, 염색 천으로 만든 의상 등 다양한 수공예품을 만나볼 수 있다. 대각선 맞은편에는 티베트의 향을 파는 민주메이바敏竹梅芭가 있는데, 가게 사장이 티베트인이다. 몸과 마음의 긴장을 풀어주는

효과가 탁월한 향을 구입할 수 있을 뿐만 아니라 티베트 여행에 필요한 여러 정보도 얻을 수 있다.

융캉제 끝부분 골목 사이에 숨어 있는 핀무량싱品筆良行은 원래 작업실로 설계된 공간이었으나 몇 년 전부터 개인 브랜드 상품을 판매하고 있다. 여러 예술가가 선보이는 종이 작품, 가마에서 구워낸 작품, 일상용품 등을 전시하고 판매하고 있다. 점자를 넣은 트럼프나 필름 모양의 공책, 실제 생활에서 필요한 것을 적용하여 디자인한 스토리보드 노트, 레시피 노트, 엄마 노트 등이 바로 그런 작품으로, 생활 속에서 깨알 같은 재미를 찾아 노트로 디자인했다. 핀무량싱의 브랜드 이념은 모든 것을 단순화하여 물질 그 자체에 집중하는 것으로, 최대한 간단하게 디자인하고 화려한 장식은 피한다. 그런 단순화 속에서도 디자이너의 열정은 깊이 느낄 수 있다. 수작업으로 만든 노트를 보면 재단칼 대신에 톱칼로 잘라 종이의 결을 고스란히 드러내거나, 종이를 일부러 햇볕에 말려 종이에 자연스러운 세월의 흔적을 남기는 등 촉감을 살리기 위해 노력했다. 이런 디자인 제품은 절대 기계로 대량생산해낼 수 없는, 실험성 가득한 아이디어 상품이다. 더 많은 사람들이 생활 속에서 디자인을 추구하도록 하기 위해 핀무량싱은 또한 감각 있는 필자들을 섭외해 음식, 여행, 잡화 등을 테마로 하는 잡지『작은 방 안의 생활有一間小房子的生活』을 발간하고 있다. 이 잡지 또한 그 자체로 하나의 독립적인 예술작품으로 추천할 만하다.

옛 정취를 불러오는 골동품 가게

융캉제 초입에는 음식점과 작은 가게들이 많고 남쪽으로 가면 갈수록 현지의 삶이 더욱 진하게 느껴진다. 룽안시장龍安市場 안에 있는 쇼와쵸문물시장昭和町文物市集은 최근 몇 년 사이에 크게 붐이 일어난 골동품 시장으로 좁은 골목 양쪽에 늘어선 가게들에는 골동품이 가득하다. 오래된 장난감을 주로 파는 가게도 있고, 초기 잡화점의 간판, 낡은 티켓, 이제는 구할 수 없는 포스터 등을 파는 가게도 있다. 이런 가게들이 모여 함께 복고적인 분위기를 자아내는 까닭에 많은 사람들이 이곳으로 와 옛 시절 속으로 돌아간 듯한 기분도 만끽하고 어린 시절을 추억하기도 한다.

모퉁이를 돌아 사범대학 근처로 가보자. 일제강점기에 일본이 고등학교를 짓고 인근의 원저우제溫州街와 칭톈제靑田街에 대학 주택가를 조성해 교수들에게 제공하기도 했는데, 온전한 형태의 일본식 주택이 검은 기와 처

제일란디아 트래블 앤드 북스는 2층 서점의 모습으로, 도시 속에 유유자적 몸을 숨기고 있다.

마까지도 온전하게 보존되어 있다. 한쪽에 하늘을 찌를 듯 서 있는 풍나무와 룽옌나무, 빵나무는 여름철의 칭톈제를 더욱 시원하게 만들어준다. 일본식 고택의 멋을 느껴보고 싶다면 칭톈치류青田七六를 추천한다. 실내는 집주인의 원래 생활공간을 그대로 유지하면서 진한 커피 향이 가득해 여행객들이 일본식 고택의 고즈넉함을 즐기기에 좋다.

마찬가지로 칭톈제에 있는 평범한 건물에 타이완과 여행을 주제로 하는 서점 제일란디아 트래블 앤드 북스Zeelandia Travel & Books가 있다. 이 서점의 주인은 배낭여행 경험이 많다. 제일란디아는 17세기 대항해 시대에 네덜란드가 타이완에 세운 거점으로, 'Zeelandia'라는 단어를 통해 세계 각지를 여행하는 것과 서로 다른 문화의 교류를 표현하고자 했다. 그런 까닭에 이 서점에서는 외국인의 눈에 비친 타이완, 타이완 사람이 세계 여행을 하며 알아야 할 것 등에 관한 책들도 찾아볼 수 있다.

서점 아래층에는 수공예품 가게인 쯔란제궈自然結果가 있다. 가게 안에 진열되어 있는 생활 용기들은 모두 가게 주인이 특별히 고른 것들이며, 직접 사용해봤을 때 느낌이 괜찮은 것과 진심으로 추천해주고 싶은 물건들만 엄선한 것이다. 그중 타이완의 계절 과일로 손수 만든 잼은 인공 첨가물을 넣지 않고 신선함이 살아 있어 이웃들이 이삼일마다 사러오며, 들른 김에 가게 주인과 이야기도 나누고 정보 교환도 한다. 이 또한 조용한 칭톈제에서 가장 자연스러운 일상 풍경이라고 할 수 있다.

❶ 마수빙푸(馬叔餅舖)

주소 : 린이제(臨沂街) 67-2호
전화 : (02)2396-2788
영업시간 : 오전 7시 반~오후 4시
(금요일 휴무)

❷ 딘타이펑(鼎泰豐)

주소 : 신이루(信義路) 2단 194호
전화 : (02)2321-8928
영업시간 : 오전 10시~오후 9시
(공휴일 오전 9시 영업 시작)

❸ 정지메이스 난징반야
(正記美食 南京板鴨)

주소 : 신이루 2단 176호
전화 : (02)2351-7750
영업시간 : 오전 9시 반~오후 7시 반

❹ 슈란샤오츠(秀蘭小吃)

주소 : 신이루 2단 198항 5-5호
전화 : (02)2394-3905
영업시간 : 오전 11시 반~오후 2시 반,
오후 5시 반~9시 반

❺ 후이류(回留)

주소 : 융캉제(永康街) 31항 9호
전화 : (02)2392-6707
영업시간 : 오전 11시 반~오후 10시

❻ 예탕후차쿵젠(冶堂壼茶空間)

주소 : 융캉제 31항 20-2호 1층
전화 : (02)3393-8988
영업시간 : 오후 1시~오후 10시

❼ 관쯔차서점(罐子茶書館)

주소 : 리수이제(麗水街) 9호 2층
전화 : (02)2321-6680
영업시간 : 오전 10시 반~오후 9시
(월요일 휴무)

❽ 샤오쯔유(小自由)

주소 : 진화제(金華街) 243항 1호
전화 : (02)2356-7129
영업시간 : 정오~자정
(일요일은 오후 6시까지)

❾ 샹르쿠이생활관(向日葵生活館)
(해바라기생활관)

주소 : 융캉제 23항 3호 1층
전화 : (02)2392-6850
영업시간 : 정오~오후 10시

❿ 디추수(地球樹)

주소 : 신성난루(新生南路) 2단 30항 35-1호
전화 : (02)2394-9959
영업시간 : 정오~오후 10시

⓫ 민주메이바(敏竹梅芭)

주소 : 융캉제 41항 23호 1층
전화 : (02)2322-5437
영업시간 : 오전 11시~오후 10시(월요일 휴무)

⓬ 핀모량싱(品墨良行)

주소 : 융캉제 75항 10호 1층
전화 : (02)2396-8366
영업시간 : 오후 1시~오후 7시(월요일 휴무)

⓭ 쇼와쵸문물시장(昭和町文物市集,
자오허딩원우스지)

주소 : 융캉제 60호
영업시간 : 오후 2시~오후 10시

⓮ 칭톈치류(靑田七六)

주소 : 칭톈제(靑田街) 7항 6호
전화 : (02)2391-6676
영업시간 : 오전 11시~오후 9시

⓯ 제일란디아 트래블 앤드 북스
Zeelandia Travel & Books

주소 : 칭톈제 12항 12-2호 2층
전화 : (02)2322-4772
영업시간 : 정오~오후 8시 반
(일요일은 오후 6시 반까지, 화요일 휴무)

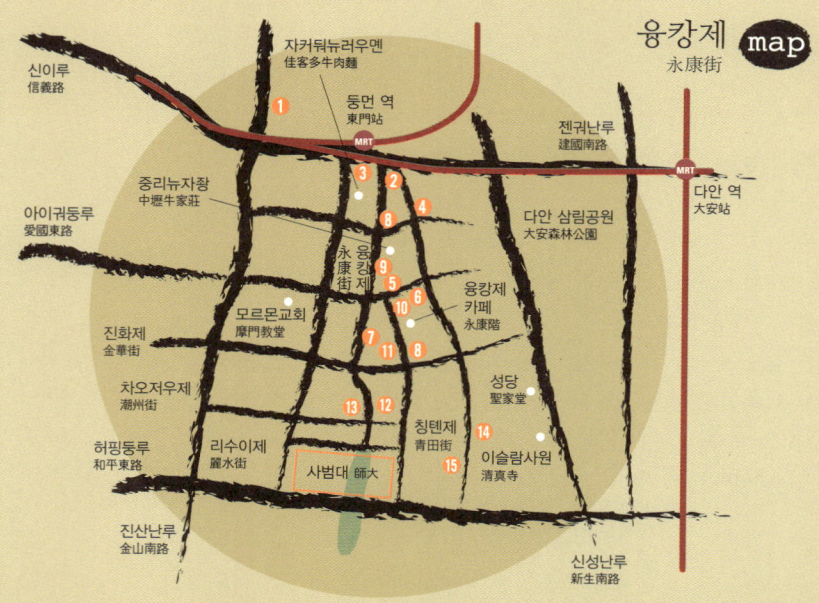

板南線
반난선

Taipei Trip

멍자

艋舺

14 백 년 동안
꺼지지 않은 향불

MRT
룽산사龍山寺 역

ManKah

타이완 원주민 중 하나인 카이다거란족凱達格蘭族의 언어에서 '만카Mankah'라는 말은 통나무배 또는 통나무배가 모이는 곳을 뜻한다. 평포족 사람들은 단수이 강을 통해 산지에서 평지까지 물건을 운송하면서 선박이 강에 가득 모인 장면을 보고 이 지역에 '멍자'라는 명칭을 붙였다.

옛 멍자 지역은 말라리아가 창궐하는 열악한 땅으로, 처음 이곳에 발을 디딘 개척자들은 룽산사龍山寺를 지어 신에게 백성을 지켜달라고 기도했다. 아직 한약방과 한의사가 널리 보급되지 않았던 그 시대에 백성들은 의사를 부를 돈이 없었기 때문에 병이 나면 정전正殿에서 모시는 관세음보살에게 병의 처치나 약의 처방이 적힌 약첨藥籤을 구하길 빌었으며 그런 다음 칭차오항青草巷에 가서 약초를 샀다. 효과가 상당히 영험했으므로 사람들은 이곳에 와서 평안을 빌 뿐만 아니라 젊은 남녀들은 후전後殿의 월하신군月下神君에게 인연을 기원하기도 했다. 손마다 향을 들고 절을 올리고, 운세를 점쳐주는 나무토막을 던지고, 인연의 붉은 실을 기원한다. 심지어는 월하노인에게 기도하기 위해 바다를 건너 일본 맞선 단체에서 오기도 한다.

문화예술 분위기가 충만한 거리, 보피랴오剝皮寮

청조에 멍자는 넓은잎삼나무의 집산지였다. 범선이 운송해온 삼나무를 이곳에서 껍질을 벗기고 가공한 뒤 건축자재로 판매했다. 시간이 오래 흐르면서 보피랴오 길이 생겼고, 목재업이 몰락한후 전통 가옥들은 상점, 학당, 진료소 또는 주택으로 쓰였다. 당시 가장 큰 길은 캉딩루康定路 173항이었는데 일제강점기에 시 구역 정비 계획에 따라 신식도로인 광저우제廣州街가 생기면서 많은 상점이 원래 173항을 향하고 있던 정문은 그대로 두고 후문을 만들어 문을 두 개씩두고 장사를 하게 되었다.

오늘날 동쪽 거리 구역에는 향토교육센터鄕土敎育中心가 지어졌으며, 청나라 말기 혁명가인 장태염章太炎이 타이완에 오면 머무르는 거처였던 건물 전체를 일이삼학당으로 개조하여 전통적인 교육 현장 모습과 교재를 전시하고, 뤼아창呂阿昌 의사 가옥은 의료문물관醫療文物館으로 재건했다. 서쪽은 타이양제본소太陽製本所와 창서우하오다탁점長壽號茶卓仔店, 슈잉다실秀英茶室, 르샹여행사日祥旅社 등이 자리하고 있으며, 비정기적으로 예술문화전람회를 열고 있다.

아수체짜이멘   진차이체짜이멘

광저우제의 맛집

고적 감상이 끝났으면 광저우제의 유명한 맛집을 찾아가보자. 이른 새
벽, 멍자 주민들은 저우지러우저우周記肉粥로 와서 고기를 넣고 끓인 죽 러우저우肉粥를
시키고 몇 가지 반찬을 곁들여 든든하게 아침식사를 한다. 저우지의 러우저우는 생쌀
을 고기 육수에 넣고 끓여서 만들기 때문에 한 숟가락 떠서 입에 넣으면 국물 속의 쌀알
이 씹히는 맛은 물론 시원한 고기 국물과 다진 샐러리가 함께 어우러져 훌륭한 맛을 낸
다. 이 가게의 또 다른 인기 메뉴인 푸저우홍사오러우福州紅燒肉를 곁들여 먹어도 좋다.
여기에서 몇 가게 건너에 있는 진차이체짜이멘進財切仔麵은 벌써 백 년 가까이 된 곳이다.
이곳의 체짜이멘은 대만 특유의 국수 이멘意麵과 튀긴 돼지 껍질인 러우짜오肉燥로 만든
다. 전통 방식으로 만들어낸 국물에서 맛볼 수 있는 향긋한 맛은 오늘날 다른 가게에서
는 쉽게 만나볼 수 없다. 마찬가지로 체짜이멘을 파는 아슈阿秀는 전통적인 방식으로 유
멘油麵 사리를 둥글게 말아 내놓는 것이 특징이다. 식사를 마치면 일제강점기에 문을 연
룽더우빙궈스龍都冰果室에서 보기만 해도 푸짐한 바바오빙八寶冰을 먹어보자. 곱게 간 얼
음에 팥, 강낭콩, 땅콩, 고구마, 녹두, 새알심, 타로 새알, 고구마 경단 등을 섞어서 먹
는 맛이 일품이다.

푸퉁푸퉁 여행 Tip

망거스이(莽葛拾遺)

예전 멍자의 어른들은 자녀 교육을 매우 중요
해, 학당, 서원 등을 많이 지었다. 이제 완화(萬
華)라는 이름으로 바뀐 이곳은 예전의 책 향기
가득한 학구적인 분위기는 희미해졌다. 하지만
MRT 역 옆의 이 서점은 민남(閩南) 스타일의 건
물 앞에 화초가 놓여 있고, 안에는 많은 고서적,
중고 책, 음반, 골동품 등을 소장하고 있어 멍자
에 고즈넉한 학구적 분위기를 더해준다.

옌쯔주쿵(醃漬九孔)은 내국인도 잘 모르는 요리로, 알이 굵은 전복에 마늘 장으로 조미를
한다. 전복 고유의 맛과 신선함이 그대로 살아 있다.

화시제華西街 맛 탐방

옛 화시제 인근에는 유명한 홍등가가 자리했다. 이 때문에
주변에는 양기를 보충하려는 사람들을 겨냥한 자라, 뱀 요리
등을 파는 식당이 즐비했다. 지금은 매춘 행위가 근절되었기 때문
에 예전과 같은 왁자지껄한 분위기는 많이 사라졌다. 하지만 중국 전통미를 풍기는 이
곳에 들어서면 오랜 세월 자리를 지켜온 옛 가게, 옛 맛이 여전히 기세 좋게 손님을 맞고
있다. 타이난단짜이몐台南擔仔麵, 위안팡거바오源芳割包, 칭탕과짜이러우清湯瓜仔肉, 당구
이주자오當歸豬脚, 커커우파오빙可口刨冰, 셴다궈즈現打果
汁 등 맛집이 끊이지 않고 이어져 있다.

화시제에는 정성껏 꾸려가고 있는 오랜 가게들이 적지
않다. 초밥 가게인 스시왕壽司王도 그중 하나로 이곳 사
장은 원칙과 손맛을 중시하는 일본 요리 전문가이다.
더우피서우쓰豆皮壽司를 예로 들어보면, 더우피를 3시

간 동안 절인 다음 다시 10시간 동안 물에 담가 간장과 맥아당 맛이 충분히 밴 다음에
야 쌀을 넣는다. 손님들에게 인기가 많은 워서우쓰握壽司에 쓰이는 간장 역시 사장이 직
접 미역과 신선한 생선을 고아 만든 것이다. 만들어진 것을 사다 쓰면 편하겠지만, 무엇
하나 남의 손을 빌리지 않고 직접 만들다 보니 다른 가게보다 더 맛있는 초밥이 탄생할
수 있었다.

오후 3~4시쯤 화시제 끝자락으로 가보면 아차이마阿猜嬤의 화성탕花生湯과 미가오저우
米糕粥가 한창 손님 맞을 준비를 하고 있다. 사람들은 '엄마의 손맛'을 즐기기 위해 이곳
을 찾는다. 아차이마의 사장이 밝히는 맛의 비결은 재료 선택과 전통적인 조리법에 있
다. 다른 가게에서는 알이 큰 남부 땅콩을 쓰기 때문에 땅콩을 푹 익히기가 어려워 미리
삶아두다 보니 땅콩의 맛이 다 빠지고 없지만, 아차이마에서는 북부 이란宜蘭의 모래땅
에서 재배한 품질 좋은 땅콩을 약한 불에서 삶아 향이 그대로 국물 속에 녹아들어 있어
맛이 진하다. 화성탕은 유탸오油條나 파오빙泡餅과 함께 먹으면 그 맛을 더욱 제대로 즐
길 수 있다.

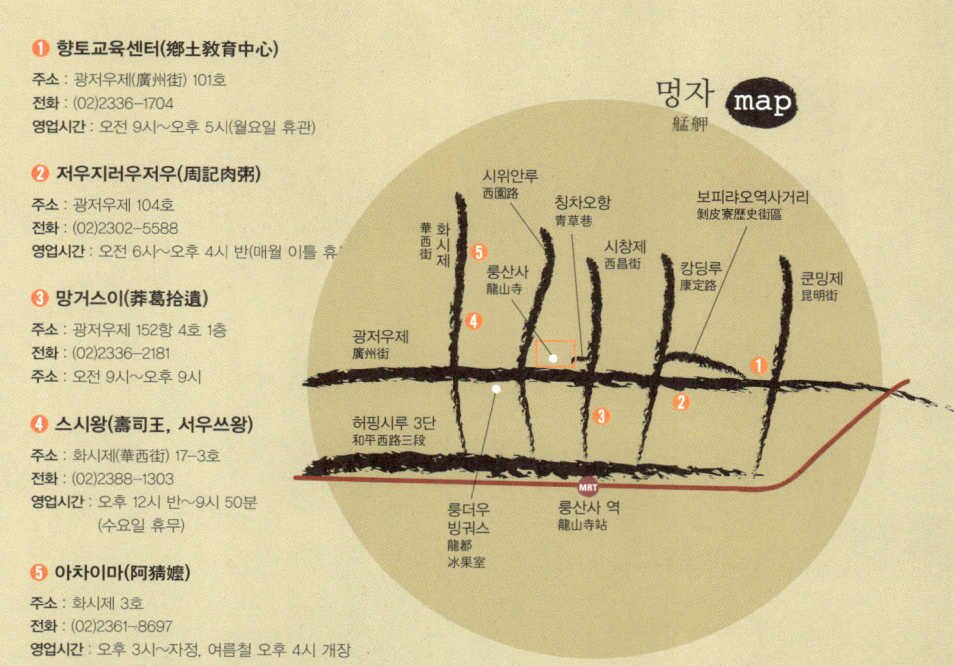

① 향토교육센터(鄕土敎育中心)

주소 : 광저우제(廣州街) 101호
전화 : (02)2336-1704
영업시간 : 오전 9시~오후 5시(월요일 휴관)

② 저우지러우저우(周記肉粥)

주소 : 광저우제 104호
전화 : (02)2302-5588
영업시간 : 오전 6시~오후 4시 반(매월 이틀 휴무)

③ 망거스이(莽葛拾遺)

주소 : 광저우제 152항 4호 1층
전화 : (02)2336-2181
주소 : 오전 9시~오후 9시

④ 스시왕(壽司王, 서우쓰왕)

주소 : 화시제(華西街) 17-3호
전화 : (02)2388-1303
영업시간 : 오후 12시 반~9시 50분
          (수요일 휴무)

⑤ 아차이마(阿猜嬤)

주소 : 화시제 3호
전화 : (02)2361-8697
영업시간 : 오후 3시~자정, 여름철 오후 4시 개장
          (목요일 휴무)

명자
艋舺 map

시위안루
西園路

칭차오항
青草巷

보피랴오역사거리
剝皮寮歷史街區

華西街
화시제

시창제
西昌街

캉딩루
康定路

쿤밍제
昆明街

룽산사
龍山寺

광저우제
廣州街

허핑시루 3단
和平西路三段

룽더우
빙궈스
龍都
冰果室

룽산사 역
龍山寺站

MRT

시먼딩
西門町

15 오래된 타이베이,
새로운 사람들

MRT
시먼 역

Xi Men Ding

현재 MRT 시먼 역이 있는 곳은 1906년에 일본인이 세운 시먼위안환西門圓環이었고, 그보다 먼저 타이베이성이 아직 허물어지기 전에 청대 서문 성벽이 있던 자리이다. 일제강점기에 일본계 이민자들은 타이베이성 서문 일대에 모여 살았는데 그들은 도쿄 아사쿠사淺草를 모방하여 시먼딩을 오락거리가 가득한 레저 상업구로 계획했다. 당시 극장 건물이었던 타이베이쭤台北座, 룽쭤榮座, 지금은 신완궈상창新國商場, 랑화쭤浪花座, 그리고 생활필수품을 팔던 시먼시장西門市場과 바자오탕八角堂, 현재의 홍러우 극장紅樓劇場이 모두 그 구역에 포함된다.

이런 배경이 있기에 우리는 시먼딩의 번영과 영화 거리의 발전을 쉽게 이해할 수 있다. 거기에 더해 예부터 먹을거리와 쇼핑 거리가 몰려 있던 중화상창中華商場이 크게 번영하여 시먼딩은 젊은이들이 수업을 마치고 쇼핑과 데이트, 오락을 즐기는 천국이 되었다.

주류와 비주류 문화가 한데 어우러진 문화 창고

옛 추억과 새로운 유행이 함께하는 시먼딩에서는 옛 건물, 옛 상점, 옛 나이트클럽은 물론, 새로운 아이디어가 반짝이는 최신 유행의 가게도 만나볼 수 있다. 일본 문화를 좋아하는 사람이라면 이곳에서 일본 스타일의 옷과 액세서리를 구입하고 '짜즈펑雜誌風'에서 일본 잡지를 포함하여 다양한 잡지를 구할 수 있다. '완녠다러우萬年大樓' 4층에서는 구체관절 인형이나 애니메이션 캐릭터 상품 등을 찾아볼 수 있다.

모퉁이를 돌아 만날 수 있는 츠칭제刺靑街에서는 매일 타투에 관한 리얼리티 TV쇼인 〈마이애미 잉크Miami Ink〉를 틀어준다. 여자들은 이곳에서 네일아트를 받는다. 오후에는 롄허의원聯合醫院 앞에서 활기 넘치는 스케이트보드 마니아가 펼치는 묘기도 볼 수 있다. 근처에는 시먼딩 최초의 스케이트보드 가게 카바스CABA'S와 독립적인 스타일의 스케이트보딩Skateboarding 본점이 있다. 발길 닿는 대로 골목골목을 걷다 보면 젊은이들이 벽에 그려놓은 다양한 글과 그림을 볼 수 있고, 휴일 저녁이면 거리 한쪽에서 공연을 펼치는 예술가들도 만나게 된다.

끝나지 않은 옛 시먼의 연극, 영화

시먼의 홍러우紅樓는 원래 일제강점기에 서적과 신문, 골동품, 엽서, 일본식 장아찌, 타이완 토산품 등을 팔던 곳으로 시먼 전통 차 시장과 함께 발전했다. 광복 이후에는 연극과 만담의 일종인 샹성相聲 등 여러 공연을 하고 중국 영화를 상영하다가, 시대가 발전하면서 최신 설비를 갖춘 영화관들이 들어서자 홍러우는 동시 상영이나 성인영화를 상영하는 곳으로 바뀌었다. 오늘날 홍러우극장은 타이베이 시문화기금회가 경영하고 있으며, 1층은 타이완 기념품을 판매하고 2층에서는 비정기적으로 중국의 전통 극이나 연극 등을 공연한다. 휴일이면 광장 앞에 유명한 가수들이 찾아와 공연을 펼치면서 홍러우에 새 생명을 불어넣고 있다. 홍러우의 전통적인 예술 공연 외에도 시먼딩에는 1960년대 상하이식 노래방을 모방하여 만든 홍바오창紅包場도 있는데 옛 추억을 찾는 사람들의 발길이 끊이지 않던 곳이다. 무대 아래의 청중이 좋아하는 가수를 응원하기 위해 붉은 봉투紅包에 현금을 넣어서 주곤 했는데, 여기서 홍바오창이라는 명칭이 유래되었다.

시먼딩의 유명 맛집, 멋집

맛집과 쇼핑은 서로 떼어놓을 수 없는 사이이다. 시먼딩에는 예전에 즐겨 먹던 맛을 그대로 유지하고 있는 역사 깊은 가게들이 여럿 있는데, 오랜 단골이 즐겨 찾을 뿐만 아니라 홍콩이나 마카오 등지에서 타이완에 놀러오면 '성지순례' 하듯이 들르곤 한다. 먼

십자 모양의 시먼 시장과 팔괘를 상징하는 팔각루는 전해지는 바에 따르면 액막이를 위한 것이라고 한다. 예전에 이곳이 타이베이성 서문 밖에 있는 묘지였기 때문이다.

저 야러우볜鴨肉扁으로 가보자. 가게 이름은 오리 고기
鴨肉이지만 실제로 팔고 있는 것은 거위 고기 중에서도 상등급인 '스
터우투어獅頭土鵝, 사자 머리 거위' 요리이다. 신선한 거위 고기를 육수에 살
짝 데친 다음 다시 가볍게 훈제한 것으로, 육질이 신선하며 씹는 맛도 좋다. 국물이 시
원한 국수나 쌀국수도 함께 주문해 반백 년의 세월을 지나온 오래된 가게의 맛을 느껴
보는 것도 좋을 것이다. 식사가 끝나면 추억의 단맛을 즐기러 가보자. 모퉁이를 돌면 나
오는 청두양타오빙成都楊桃冰은 옛날 얼음과자 가게의 모습을 그대로 간직하고 있다. 손
님들이 가장 사랑하는 메뉴는 양타오빙楊桃冰으로, 타이완 최남단 지역인 핑둥屛東에서
재배된 양타오를 넣고 만든 것이다. 바람에 말리고 소금물에 재는 과정을 거치면 양타
오 자체의 단맛이 우러난다. 이는 무더운 여름날 더위를 식히고 갈증을 해소하는 데도
그만이다. 여러 명이 푸짐하게 먹을 음식을 찾는다면 캉딩루康定路에 있는 첸위안촨차이
관陳園川菜館을 추천한다. 맛이 좋을 뿐만 아니라 가격도 경제적이라 여러 명이 가도 부담
이 없다. 주방장은 타이완 사람들의 입맛에 맞게 전통 쓰촨 요리의 짜고 기름지고 알알
한 단점은 개량하고 원래의 맵고 향긋한 맛은 살려두었다. 간볜쓰지더우乾扁四季豆, 탕추

위糖醋魚, 마포더우푸麻婆豆腐, 장사오체쯔醬燒茄子, 궁바오지딩宮保鷄丁 등 유명한 음식들을
모두 만나볼 수 있는데, 음식마다 고유한 맛이 있어 쓰촨 음식은 "요리 하나마다 독특한
조리법과 맛이 있다"는 말이 과언이 아님을 실감할 수 있다. 식사를 마치면 상하이라오
톈루上海老天祿에 가서 계피, 정향, 산초 등 오향의 향이 풍겨오는 오리 날개, 오리 혀, 오
리 모래주머니, 오리발을 포장해가는 것도 좋다. 시먼딩에는 라오톈루가 두 군데 있는
데 청두루成都路에 있는 가게는 맛이 담백하고 우창제武昌街에 있는 가게는 맛이 강한 편
이니 각자 좋아하는 곳을 고르면 된다.

펑다蜂大카페의 디저트

몇 십 년 전 시먼위안환西門圓環은 두 '다왕大王'이 거리를
제패했다. 하나는 '시과다왕西瓜大王'으로 시원하고 달콤한
수박을 잘라서 팔아 엄청난 대박을 냈다. 또 다른 하나는
'펑미다왕蜂蜜大王'으로 직접 운영하는 양봉장에서 나오는
꿀로 만든 음료를 판매했다.

훗날 시과다왕은 문을 닫았지만 펑미다왕은 양봉장 운
영이 점차 어려워지면서 커피 위주의 가게로 바꾸고 가게
이름을 펑다카페蜂大咖啡로 바꾸었다. 펑다의 커피 원두
창고에는 50여 종에 이르는 생두가 있으며, 가게 안에는 사이폰, 더치커피, 에스프레소
등의 커피 추출 기구가 제대로 갖춰져 있다. 이렇게 전문적으로 커피를 만들기 때문에
늘 손님이 끊이질 않는다. 게다가 옛날에는 광둥廣東 지역 손님이 많았기 때문에 당시로
서는 파격적으로 커피와 함께 케이크도 즐길 수 있게 홍콩에서 파티셰를 초빙해 다양한
디저트도 만들어 판매했다. 이는 오늘날까지도 이어져 커피와 옛날 디저트의 조합은 펑
다의 명물이 되었다.

옛 맛을 찾아주는 타임머신, 중화상창

시먼딩에서 쿤밍제昆明街를 따라 남쪽으로 가면 마치 타임머신을 타고 1992년으로 돌아
간 듯한 기분이 든다. 중화상창中華商場이 철거되기 전인 그 시절에는 자오지산둥만터우

"고기 소와 파가 오랜 시간 함께 섞여 있으면 신맛이 나기 쉬워요. 그래서 우리 가게에서는
고기와 파를 분리해놓고 냄비에 넣기 전에 그 두 가지를 재빨리 싸서 반죽에 넣고 있습니다."

고기 소와 부추가 들어 있는 '다롄훠사오(褡裢火燒)'는 베이징의 유명한 간식이다. '다롄'은 옛날 승려들이 어깨에 메던 긴 주머니고, '훠사오'는 북쪽 지방에서 먹는 단단한 빵을 가리킨다.

보통 다른 죽 집에서는 좁쌀죽에 율무나 녹두를 넣곤 한다. 중화셴빙저우의 좁쌀죽은 좁쌀, 찹쌀, 흰쌀, 귀리 등 곡식만을 사용해 임산부나 환자들이 먹기에 좋다.

趙記山東饅頭, 장지주차이수이젠바오張記韭菜水煎包, 싼유판뎬三友飯店, 카이카이칸開開看 등 타지 음식을 파는 가게들이 무척 많았다. 중화상창이 사라지고 몇 년의 세월이 흐른 지금, 이 일대에는 다시금 고향의 맛이 속속 돌아오고 있다.

중화셴빙저우中華餡餅粥은 그중에서는 늦게 자리를 잡은 편에 속하는 가게인데, 사장이 북방의 요리사에게 20여 년간 밀가루 요리를 배웠다고 한다. 꼭두새벽에 일어나 재료와 간단한 반찬을 준비하고, 음식들은 손님이 주문하면 그 자리에서 바로 만든다. 인기가 많은 뉴러우셴빙牛肉餡餅과 다롄휘사오褡褳火燒는 바삭하게 구워진 겉을 한입 깨물면 안에 가득 든 육즙이 입안을 가득 채운다. 단골은 대부분 샤오미저우小米粥나 쏸라탕을 함께 시켜 먹는데, 이렇게 하면 저렴하고 맛있는 한 끼 식사가 완성된다.

'와이성뎬신(外省點心)' 외에도, 구이양루(貴陽路)에는 광복 직후 문을 연 오랜 아이스크림 가게 용푸 아이스크림(永富冰淇淋)이 있다. 작은 노점에서 시작해 삼면에 창이 있는 가게가 되기까지 이곳은 원료 하나 허투루 취급하지 않았다. 여덟 가지 맛의 아이스크림이 있는데 다훙더우(大紅豆)는 타이완산 팥을 골라 약한 불에 3~4시간 끓여서 만든다. 구이위안(桂圓)은 끓여서 말린 룽옌 가지를 고집해 룽옌 특유의 향미를 살렸다. 땅콩은 볶은 것을 사용하여 역시 향이 아주 진하다. 아이들이 제일 좋아하는 바나나, 딸기 맛은 제철이 되면 신선한 과육으로 만든다. 재료 하나하나를 엄선하고, 공들여 아이스크림을 만드는 것이야말로 이곳이 오래도록 사랑받는 이유일 것이다.

❶ 시먼훙러우(西門紅樓)

주소 : 청두루(成都路) 10호
전화 : (02)2311-9380
영업시간 : 오전 11시~오후 9시 반(금요일, 토요일에는 오후 10시까지)

❷ 야러우볜(鴨肉扁)

주소 : 중화루(中華路) 1단 98-2호
전화 : (02)2371-3918
영업시간 : 오전 9시 반~오후 10시 반

❸ 청두양타오빙(成都楊桃冰)

주소 : 청두루 3호
전화 : (02)2381-0309
영업시간 : 오후 1시~10시 반

❹ 첸위안촨차이관(黔園川菜館)

주소 : 캉딩루(康定路) 25항 39호
전화 : (02)2389-2369
영업시간 : 오전 11시 반~오후 2시 반,
　　　　　오후 5시~9시(목요일 휴무)

❺ 상하이라오톈루(上海老天祿)

주소 : 청두루 56호
전화 : (02)2331-3425
영업시간 : 오전 10시~오후 9시

❻ 우창제라오톈루(武昌街老天祿)

주소 : 우창제(武昌街) 2단 55호
전화 : (02)2361-5588
영업시간 : 오전 9시~오후 10시

❼ 펑다카페(峰大咖啡)

주소 : 청두루 42호
전화 : (02)2371-9577
영업시간 : 오전 8시~오후 10시 반

❽ 중화셴빙저우(中華餡餅粥)

주소 : 쿤밍제(昆明街) 211호
전화 : (02)2371-3417
영업시간 : 오전 10시~오후 8시 반(월요일 휴무)

❾ 융푸아이스크림(永富冰淇淋)

주소 : 구이양제(貴陽街) 2단 68호
전화 : (02)2314-0306
영업시간 : 오전 10시~오후 11시(크리스마스 이후 부터 정월대보름까지 휴무)

시먼딩 map
西門町

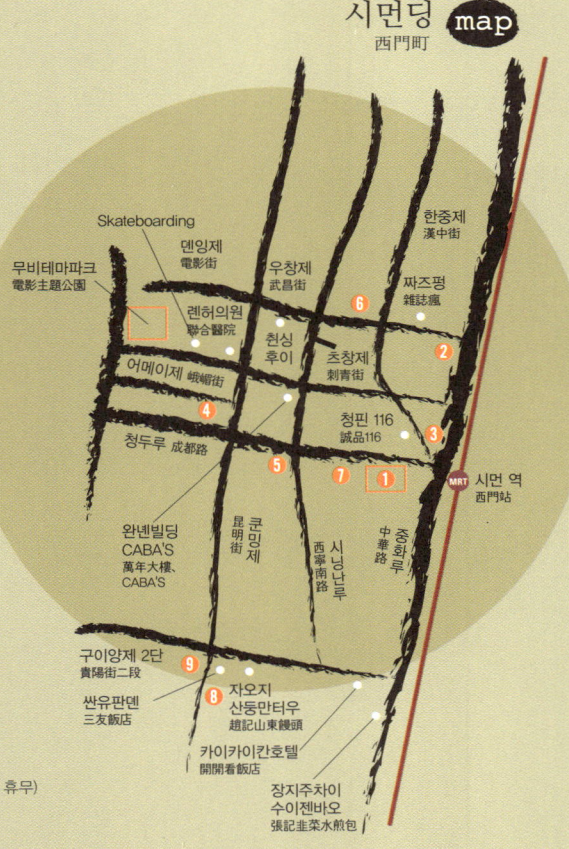

화산
華山

16 새로운 예술의 실험장

MRT 중샤오신성忠孝新生 역

Hua shan

담장이 허물어진 뒤, 비탈길을 따라 펼쳐진 잔디밭에 누워 햇볕을 쬐거나 음악을 듣거나 손을 잡고 산책하는 남녀와 즐겁게 뛰노는 아이들이 있다. 기계식의 술 공장이 사라진 이 일대는 여유로운 문화 창작 공간으로 바뀌었다. 문 닫은 공장은 음식점으로 재탄생시키는 등 아이디어 넘치는 디자인을 통해 낡은 건물에 새 생명을 불어넣고 있다.

화산문화창의산업원구華山文化創意産業園區

이곳은 처음에는 일본의 한 회사가 청주 양조장을 세웠던 곳이다. 광복 후에 주변 인구 밀도가 높아지자 양조장은 교외로 옮겨가고, 현재 이곳은 타이베이 개발 역사를 생생히 보여주는 공업 유적지가 되었다. 지금은 이름을 바꾸고 화산문화예술특구華山藝文特區로 다시 태어났다. 소박하게 지어진 공장 건물과 두꺼운 담장, 높이 솟아 있던 창고는 예술작품 전시, 공연, 특색 있는 식당 등 문화예술 공간으로 탈바꿈하고, 최근 몇 년 동안 타이완 디자이너 주간, 심플라이프 페스티벌, 음악회 등의 행사를 열

면서 타이베이 문화예술계의 중요 장소가 되었다.

알 키체토AL CICCHETTO 이몐팡샤오주관義麵坊小酒館은 이탈리아 스타일의 디저트를 파는 곳으로 원래 공장 건물의 거친 분위기에 맞춘, 1920년대의 느낌을 살린 톨릭스 철제 의자가 매력적이다. 녹슨 낡은 의자와 얼룩덜룩한 창고가 이질감 없이 서로 잘 어울린다. 타이완 요리를 주로 하는 칭예신러위안青葉新樂園은 길거리 음식으로 손님들을 끌고 있다. 구역 안쪽으로 더 들어가보면 영화감독 허우샤오셴侯孝賢이 기획하고 음향감독 두두즈杜篤之가 음향 설계를 맡아 전문적으로 예술영화를 상영하는 화산광덴극장華山光點戲院이 있다. 타이베이영화제, 타이베이금마

영화제 등에 출품했던 작품들을 볼 수 있는 최고의 장소이다. 베이핑둥루北平東路 근처에 있는 붉은 벽돌 육합원六合院에는 복고적인 요소에 현대적인 디자인을 결합한 하오양쓰웨이好樣思維가 둥지를 틀고 있다. 친환경 식재료로 눈이 즐거운 음식을 만든다는 이념 아래 먹는 이들의 오감을 만족시키는 훌륭한 요리를 제공하고 있다.

뿐만 아니라 미국 잡지에서 가장 아름다운 서점으로 뽑히기도 했던 둥취東區의 하오양好樣 본사처럼 건물 2층을 인상적인 서점으로 꾸며놓았다. 이곳에 오면 아시아에서 가장 멋진 디자인 작품을 만나볼 수 있다.

위안취에서 남쪽 방향으로 중샤오둥루忠孝東路를 건너가면 골목 안에 자리한 낡은 외관의 카페 커피실험실咖啡實驗室을 만나게 된다. 이곳에서는 직접 로스팅한 커피를 추천한다. 직접 로스팅을 하고 로스팅한 지 7일 이내의 신선한 원두만 판매할 뿐만 아니라 '첨밀밀' '세계 일주' '투스카니' 등 낭만적인 이름이 붙은 블렌딩 제품도 선보인다. 하지만 커피실험실에서 가장 인기가 많은 것은 각자의 개성을 뽐내는 세 마리 고양이이다. 고요한 행복 속에 세 마리 고양이가 있는 풍경은 많은 애묘가의 발길을 사로잡는 데 한몫하고 있다.

육합원 건물에 있는 하오양쓰웨이는 붉은 벽돌집과 고전적인 인테리어가 완벽하게 어우러진 모습이다. 2층에는 오래 머무르고 싶은 매력적인 공간의 디자인 서점이 있다.

❶ 화산문화창의산업원구(華山文化創意産業園區)

주소 : 바더루(八德路) 1단 1호
전화 : (02)2358-1914

a.화산광뎬(華山光點)

전화: (02)2394-0622
영업시간 : 오전 10시~오후 11시

b.알 키체토(AL CICCHETTO) 이멘팡샤오주관(義麵坊小酒館)

전화 : (02)2395-7117
영업시간 : 오전 11시~오후 11시

c.칭예신러위안(青葉新樂園)

전화 : (02)3322-2009
영업시간 : 정오~오후 2시, 오후 5시 반~9시 반

d.하오양쓰웨이(好樣思維)

전화 : (02)2322-5573
영업시간 : 정오~오후 9시

❷ 커피실험실(咖啡實驗室)

주소 : 중샤오둥루(忠孝東路) 2단 64항 6호
전화 : (02)2341-9880
영업시간 : 정오~오후 9시 반

화산
華山 map

둥취
東區

17 생명력이 넘치는
유행의 거리

MRT
중샤오푸싱忠孝復興 역
중샤오둔화忠孝敦化 역
국부기념관國父紀念館 역

East District

둥취는 시취西區 단수이 강변에 비하면 무척 새로운 구역이다. 옛날에 타이베이의 번화가는 도시 서쪽에 있는 기차역 앞과 시먼딩이었고 그 시절 둥취는 아무것도 없는 황량한 지역이었다. 1970년대에 중샤오둥루忠孝東路 3, 4단에 자동차 통행이 시작되고 1990년대에 MRT와 신이계획구信義計畫區가 생기면서 둥취의 눈부신 시간이 비로소 시작되었다.

둥취의 진짜 매력은 밤에 있다. 날이 어두워지면 도시는 동쪽에서부터 고유의 여명이 밝아온다.

둥취 골목의 작은 가게들

일본 계열의 패션 브랜드 타이핑양太平洋 Sogo, 일본의 유명 브랜드가 즐비한 밍야오백화점明曜百貨, 자라ZARA가 입점한 퉁링광장統領廣場, 그리고 서구 스타일의 웨이펑중샤오微風忠孝 등의 백화점 모두 중샤오둥루에서 만날 수 있는 곳이다. 조명이 환한 백화점들을 뒤로하고 근처 좁은 골목으로 들어가면 둥취 뒷골목이 보여주는 도시의 또 다른 모습도 만나게 된다. 다안루大安路 밍런샹名人巷에는 글로벌 의류 브랜드와 차별화된 타이완 의류 디자이너들이 대거 몰려 있으니 천천히 둘러볼 만하다.

자라 뒤쪽에는 청춘이 도약하는 힙합과 펑크, 그리고 다 둘러보지 못할 만큼의 일본, 한국, 미국 스타일의 작은 가게들이 있다. 젊은이들에게 인기 최고인 '로모그래피

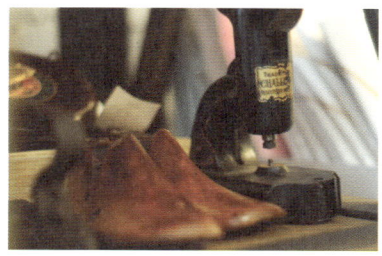

Lomography'의 타이베이 지점 또한 이곳에 있다. 조금 더 뒤쪽으로 가보면 외국 인터넷사이트에서 '전 세계에서 가장 아름다운 서점 20곳' 중 하나로 선정된 하오양번스好樣本事가 있다. 이 가게는 낡은 건물을 리모델링한 것인데, 내부 인테리어도 옛 물건들을 적극 활용했다. 입구의 붉은색 미닫이문은 타이베이대학의 옛날 여자 기숙사에서 가져온 것이다. 책 옆에는 타자기, 식기, 대패, 실패, 가죽 펀치, 신발 만드는 틀 등 옛날 물건들이 다양하게 진열되어 있다. 얼핏 보기에는 장식품 같지만 모두 실제 생활에서 사용 가능한 물건들이다.

가게 안의 책은 대부분이 디자인과 카메라, 요리 분야의 책으로, 사장이 외국으로 출장을 갈 때마다 엄선해온 책들이다. 이곳 사장은 책의 내용과 디자인뿐만 아니라 장정도 고려해서 책을 구입한다. 이 서점은 또한 타이완 신예 디자이너들이 작품을 전시할 수 있는 공간을 제공하기도 한다. 옛날 재료를 이용해 만든 샹들리에, 자전거족을 위해 만든 자전거 수리 매뉴얼, 활판인쇄 방식으로

아름다운 라이프스타일을 만들어 가고자 하는 하오양 Table은 프랑스 시골풍의 요리를 제공한다. 아무리 욕심 많은 미식가들이라도 친구들과 함께 나누고 싶어질 것이다.

제작한 명언 카드 등 창의적으로 디자인된 독특한 작품들이 이곳에 가득하다. 작은 공간이지만 없는 게 없는 보물창고 같다. 이 점이 또한 가장 아름다운 서점 중 하나로 꼽힐 수 있었던 요인일 것이다.

같은 골목 안에 VVC그룹의 하오양Table, 하오양Bistro와 함께 타이베이 여행객들에게 또 하나의 집이 되어주는 민박집 '하오양공위好樣公寓'가 자리 잡고 있어서, 둥취의 좁은 골목에 일상의 여유와 행복을 더해주고 있다.

모퉁이를 돌아 둥취 식당으로

둥취에는 일일이 헤아리기 어려울 정도로 맛집이 많다. 쓰촨의 마라궈麻辣鍋, 일본식 라멘, 애프터눈 티와 가벼운 식사, 상하이 요리, 유럽 요리 등등 다양한 음식 속에서 맛있는 요리는 물론 철학이 담긴 요리도 만나볼 수 있다.

밍야오백화점 뒤쪽에는 216항이라 불리는 맛집 골목이 있는데, 유명한 딘타이펑과 키키kiki 레스토랑, 그리고 아시아 지역의 음식을 전문으로 하는 식당 등이 모두 모여 있다. 밤이 되면 수많은 샐러리맨들이 이곳 식당으로 몰려든다. 그중 타이난에서 온 두샤오웨度小月는 타이완 전통의 맛을 내는 단짜이몐擔仔麵으로 유명하다. 주방에서 주방장이 대나무 국자로 펄펄 끓는 면을 건져낸 뒤 맛있는 냄새가 사방으로 퍼져나가는 고기 고명인 러우짜오肉燥를 올리고 새우 대가리를 끓여서 만든 육수를 부어서 주는데, '양보다 질'을 중시하는 타이완 사람들에게도 딱 어울리는 음식이다. 마라궈를 파는 마산탕麻膳堂은 다양한 한약재를 끓여서 마라탕 육수를 만든다. 향긋하면서도 알싸한 맛의 타이완 라면은 한번 먹으면 계속 생각난다. 일본 정통

수타면을 맛보고 싶다면 타이중에서부터 타이베이까지 엄청난 인기를 끌고 있는 수이커우룽몐穗科烏龍麵을 추천한다. 오픈형 주방을 통해 면을 뽑는 과정을 볼 수 있으며, 조리사가 다년간의 노하우로 만들어내는 쫀득한 면발에 일본식 국물이 시원하게 어우러진다. 옌지제延吉街에 있는 뎬취안佃權은 선술집 분위기의 가게로, 손님들은 김이 모락모락 나는 어묵 바에 둘러앉아 요리사에게 먹고 싶은 음식과 술을 주문한다. 술, 어묵과 함께 일상의 이야기를 도란도란 나눌 수 있는 곳이다. 식사 후에는 유명한 카페 커리마克立瑪에서 예쁜 잔에 담긴 커피를 마시며 음악을 즐기거나, 둥취펀위안東區粉圓에 가서 유명한 빙수를 맛보는 것도 좋다. 굵게 갈린 얼음에 쫄깃한 펀위안이 주는 그 맛에 사람들이 줄을 서서 먹는다.

❶ 로모그래피(Lomography)

주소 : 둔화난루(敦化南路) 1단 187항 35호
전화 : (02)2773−6111
영업시간 : 오후 2시~10시 (일요일 정오~오후 10시)

❷ 하오양번스(好樣本事)

주소 : 중샤오둥루(忠孝東路) 4단 181항 40농 13호
전화 : (02)2773−1358
영업시간 : 정오~오후 9시(금요일, 토요일은 오후 11시까지)

❸ 하오양(好樣Table)

주소 : 중샤오둥루 4단 181항 40농 14호
전화 : (02)2775−5120
영업시간 : 정오~오후 11시일요일에는 오전 11시부터

❹ 두샤오웨(度小月)

주소 : 중샤오둥루 4단 216항 8농 12호 1층
전화 : (02)2773−1244
영업시간 : 오전 11시 반~오후 11시

❺ 마산탕(麻膳堂)

주소 : 광푸난루(光復南路) 280항 24호
전화 : (02)2773−5559
영업시간 : 오전 11시~오후 2시 반, 오후 5시~10시

❻ 뎬취안(佃權)

주소 : 엔지제(延吉街) 136호
전화 : (02)8771−8272
영업시간 : 오후 5시 반~새벽 2시

❼ 둥취펀위안(東區粉圓)

주소 : 중샤오둥루 4단 216항 38호
전화 : (02)2777−2057
영업시간 : 오전 11시~오후 11시

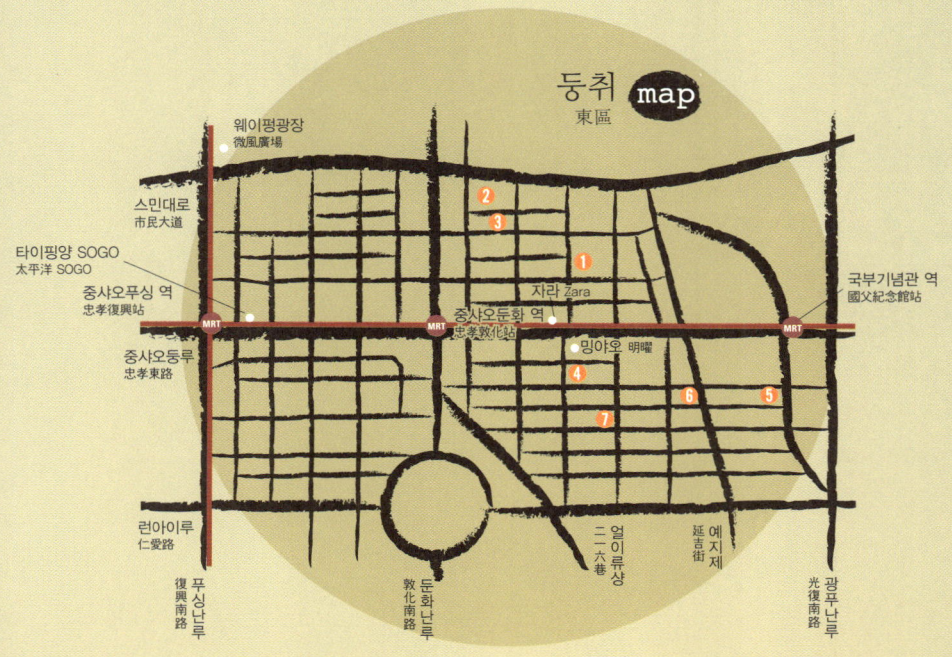

런아이위안환
仁愛圓環

18 녹색 거리의 중심

MRT
중샤오둔화 역

Ren ai Circle

길을 따라 양쪽으로 풍나무, 녹나무 등 타이완 자생 식물들이 늘어선 가장 아름다운 가로수길이다. 초기에는 쑹산공항松山機場, 보아이특구博愛特區와 연결되어 해외 귀빈들을 맞는 도로로, 녹음이 우거지고 여유로운 타이베이의 첫인상을 남겨주었다. 많은 디자이너와 예술가의 작업실이 이곳에 몰려 있기도 하며 타이완 문화를 상징하는 청핀서점誠品書店 본점 또한 이 구역에 있다. 산책도 하고, 골목골목에서 '보물'도 찾으며 색다른 타이완 문화를 맛볼 수 있는 곳이다.

24시간 영업하는 서점, 둔난청핀

그 옛날, 골목 어귀에 문구와 운동용품을 함께 파는 작은 책방들이 있던 시절에 대형 서점 둔난청핀敦南誠品의 등장은 타이베이 사람들에게 적지 않은 충격을 안겨주었다. 서점에 책을 읽을 수 있는 의자가 놓여 있고 에어컨이 가동되며 심지어는 24시간 영업을 한다는 것이 무척 신선했던 것이다. 이후에 청핀은 신이상권信義商圈에 분점을 열었다. 외국의 서점들이 대부분 어둡고 협소한 것과 달리 청핀은 내부가 환하고 클래식 음악이 흘러나오는 등 문화 공간의 역할을 하고 있다. 감상실에서 CD를 맘껏 들어볼 수 있을 뿐만 아니라 아동 도서 코너에서는 한 권

한 권 아이들을 위해 정성껏 디자인된 그림책과 학습서를 만나볼 수 있다. 문학, 과학에서부터 디자인 서적이나 잡지에 이르기까지 분야별로 모든 지식들이 이처럼 편안하고 쾌적한 환경에 풍성하게 펼쳐져 있으니 타이완 독자들은 정말 행복할 만하다.

종일 불이 꺼지지 않는 가게는 둔난청핀 말고도 여러 곳이 있다. 브런치를 즐기러 온 손님들로 북적이는 N.Y. 베이글스 카페와 미국 스타일의 아이스크림을 파는 스웬센SWENSEN'S도 24시간 영업을 한다. 밤이 너무 길다고 느껴지거나 새벽 일찍 잠에서 깨어났다면 위안환에 와서 서점을 둘러보며 아침 메뉴를 골라보는 것은 어떨까.

소박하면서 행복한 가게의 음식들

런아이루仁愛路 위안환 근처의 맛집을 말하자면 잔메이沾美 레스토랑과 프랑스식 디저트 가게 폴Paul을 빼놓을 수 없지만, 위안환에서 뻗어나간 골목들 깊숙이 들어가보면 편안

하게 들를 수 있는 작은 가게들도 많다. 친자빙뎬泰家餅店의 유명한 메뉴 주차이허쯔韭菜盒子는 기름을 두르지 않고 구워낸 전병 속에 달걀 지단, 당면, 새우, 부추를 섞어서 소를 채운 것으로, 맛이 깔끔하고 담백하다. 반으로 접어서 먹으면 식감이 더욱 좋다.

다안루大安路와 둥펑제東豊街가 만나는 곳에 있는 반무위안半畝園은 소박한 북방식 밀가루 요리와 셴빙餡餅과 같은 간단한 요리만 판매하는데도 손님이 끊이질 않는다. 가장 유명한 자장다오샤오몐炸醬刀削麵, 자장도삭면은 기름지지 않고 고기 맛은 향긋한데, 오로지 화력과 경험, 기술에서 나오는 맛이다. 신선한 콩과 오이채 덕분에 맛이 더욱 시원하다. 뉴러우쥐안빙牛肉捲餅은 장뉴러우醬牛肉가 쫀득한 수제 빙피餅皮와 만나 한입 깨무는 순간 느껴지는 식감과 맛이 유혹적이다. 피는 얇고 소는 푸짐한 셴빙은 돼지고기, 소고기, 채소 등 세 가지 맛이 있으며 이 또한 놓치면 후회할 음식이다. 이밖에도 쏸더우러우모酸豆肉末, 량반체쯔涼拌茄子, 샤오위더우간小魚豆干, 간벤쓰지더우乾煸四季豆, 루뉴두纐牛肚, 주얼猪耳 등 자신 있게 내놓는 간단한 요리들에 뜨거운 녹두죽 한 그릇을 곁들여 먹으면 소박하면서도 행복한 맛을 느낄 수 있다.

첨가물을 넣지 않고 천연 발효를 고집하여 빵을 구워내는 위안뎬베이커리原點麵包坊는 매일 점심시간만 되면 온 거리에 향긋한 빵 냄새를 풍기고, 손님들은 마치 약속이라도 한 듯이 꼬리에 꼬리를 물고 찾아온다. 조용하던 거리가 잠시 와자해지는 시간이다. 이곳에 오면 꼭 먹어보라고 추천하고 싶은 것은 즉석에서 만들어주는 샌드위치. 직접 만든 빵에 참치나 중국식 햄인 훠투이火腿, 특별 제작한 디중하이모장地中海抹醬, 신선한 채소를 끼워 만든 것으로 상큼한 맛이 특징이다. 또 다른 인기 메뉴는 신선한 우유로 만든 화이트 토스트로, 단골은 미리 예약까지 해서 사가는 인기 절정의 메뉴이기 때문에 예약하지 않으면 그저 바라만 보며 아쉬워해야 할지도 모른다.

❶ 청핀 둔난점(誠品 敦南店)

주소 : 둔화난루(敦化南路) 1단 245호
전화 : (02)2775-5977
영업시간 : 24시간
특이사항 : 청핀 신이점(信義店)은 오전 10시~새벽 2시까지 영업

❷ N.Y. 베이글스 카페

주소 : 런아이루(仁愛路) 4단 147호
전화 : (02)2752-1669
영업시간 : 24시간

❸ 반무위안(半畝園)

주소 : 둥펑졔(東豐街) 33호
전화 : (02)2700-5326
영업시간 : 오전 11시~오후 2시, 오후 5시~8시

❹ 친자빙뎬(秦家餅店)

주소 : 쓰웨이루(四維路) 6항 12호 1층
전화 : (02)2705-7255
영업시간 : 오전 10시 반~오후 8시(일요일 휴무)

❺ 위안뎬훙베이커리(原點烘焙坊)

주소 : 쓰웨이루 22항 7호
전화 : (02)2706-4368
영업시간 : 정오~오후 8시(일요일, 국정 공휴일 휴무)

런아이위안환 map
仁愛圓環

신이취
信義區

19 변화하는 타이베이

MRT
국부기념관 역
시정부市政府 역

Xinyi District

타이베이 신시가 구역인 신이 취는 고층 빌딩이 랜드마크이며, 유명 매장, 알짜배기 맛집, 고품격 레스토랑 등이 빼곡하다. 공중의 육교와 넓은 통행 공간이 각 관마다 연결되어 있어서 쇼핑 마니아들에게는 천국과도 같은 곳이다. 이처럼 최신식의 시가 구역이지만 역사의 흔적이 진하게 배어 있는 곳도 있다. 과거와 현재가 공존하는 타이베이를 만나보자.

타이베이를 이해하려면 이곳으로

타이베이 시청인 시정부台北市府 건물 안에 있는 타이베이 탐색관台北探索館은 풍성한 글과 그림, 모형, 음향 등으로 타이베이성台北城, 멍자艋舺, 다다오청大稻埕 등 구시가지의 역사를 상세하게 소개해준다. 내부 전시 공간은 늘 생동감이 넘친다. 옛 성문과 성벽 모형으로 둘러싸서 만든 타이베이성 공간에서는 타이베이의 옛 지도와 최신 지도를 만나볼 수 있다. 부담 없고 재미있게 새로운 지식을 습득할 수 있는, 옛 타이베이를 알 수 있는 가장 좋은 방식이다.

시청 앞의 스푸루市府路를 따라 남쪽으로 가다 보면 하늘 높이 솟은 타이베이 101빌딩을 지나게 되고, 다시 신이루信義路까지 지나면 쓰쓰난춘四四南村에 도착하게 된다. 이곳은 원래 국민당 정부가 타이완으로 옮겨온 시절에 정부와 함께 타이완으로 이주해온 사사병공창四四兵工廠이 있던 곳으로 공장 주변에는 그 가족들이 사는 촌락이 형성되었다. 촌락의 위치에 따라 각각 시춘西村, 난춘南村, 둥춘東村이라 이름 지어졌다. 오늘날 타이베이 시내 지역이

확장되면서 병공창은 다른 곳으로 이전하고 원래의 공장
건물은 사람이 끊이지 않는 상업 건물로 탈바꿈하였다.
공장에 딸려 있던 촌락 또한 철수될 운명에 처하자 문화
계 인사들이 분주히 뛰어다닌 끝에 난춘의 일부 건물은
보존될 수 있었다.

그렇게 남겨진 건물 중 한 채에 자리 잡은 하오추好丘는 재
활용이 가능한 폐자재로 실내를 꾸민 이색적인 음식점이
다. 하오추에서 가장 유명한 것은 정통 타이완 식재료로
만든 서양식 요리들이다. 예를 들어, 이곳의 베이글은 겉
보기에는 그냥 베이글 같지만 사실은 타이완 쌀로 만든
것이다. 십여 가지의 베이글은 굽자마자 순식간에 팔려나간다. 베이글과 함께 먹는 탕
또한 별미이다. 엄마의 손맛을 고스란히 담아낸 달걀탕雞湯인 펑리쿠과지탕鳳梨苦瓜雞湯
과 마유지탕麻油雞湯에서 타이완 고유의 맛을 느낄 수 있다. 이곳의 음식들을 보노라면
타이완을 향한 하오추의 애정을 느낄 수 있다. '메이카이쓰두梅開四度'는 춘이즈春一枝에
서 생산한 뤄선洛神과 난터우南投 지역 농가의 매실을 사용하고 있는데, 식재료가 통일되
어 있지는 않지만 타이완 직송이라는 점은 보장한다. 이렇게 엄선된 식자재는 가게 내
에서 판매도 하고 있다.

타이완에서 나는 양질의 농산물을 널리 알리기 위해 매주 일요일 오후에는 16명의 농
민들과 연계해 가게 앞 광장에 농산물 시장을 열고 있다. 이곳에 와서 농민들과 이야기
도 나누고 농작물 가꾸는 이야기도 듣다 보면 타이완에 더욱 깊은 애정을 갖게 될 것
이다. 격주로 토요일마다 중고시장도 열린다. 헌 옷, 장난감, CD 등의 물건이나 사놓
고 미처 쓰지 못한 물건 등 모두 이곳에서 물물교환을 할 수 있다. 매달 몇 차례의 강
좌와 공연도 열리고 있어서 타이완을 좋아하는 사람들에게 하오추는 반드시 들러봐야
할 장소가 되었다.

그 옛날 촌락에서 먹었던 음식들을 먹어보고 싶다면 하오추 서쪽에 있는 난춘샤오츠南
村小吃를 추천한다. 북방의 면 요리가 특히 유명한 가게인데, 이곳에서 직접 만든 쫄깃한
면발이 일품이다. 여러 가지 약재를 넣어서 삶아낸 소 사태, 돼지 귀와 시원한 생채 등
은 놓치기 아까운, 맛있는 타이완의 서민 음식들이다.

환골탈태한 공장, 쑹위원촹위안취 松菸文創園區

신이취 서북쪽 끝에 있는 쑹산위창松山菸廠은 타이베이가 지정한 제99호 고적이다. 현대화된 공장 건물과 기숙사 등이 결합되어 있는 공업촌 유적으로, 소방용 저수지와 다양한 품종의 나무들이 있는 숲 덕분에 도심 속 생태 구역이 되었다. 도시 개발이 확장되면서 공장 주변의 촌락들도 대형 돔구장 다쥐단大巨蛋과 세계적인 건축가 이토 도요伊東豐雄가 설계한 문화 창작 공간들로 대체되었다. 본래의 넓은 공장 공간은 최적의 전시 장소가 되었으며 2011년에는 타이베이 세계디자인대전을 개최하여

국내외의 많은 디자이너들이 이곳을 찾기도 했다.

위안취 동쪽에 있는 샤오산탕小山堂은 쑹산위창에 있던 공장을 리모델링하여 만든 것으로, 상하이에서 레스토랑을 경영하는 류리궁팡琉璃工房이 인수했다. 거칠고 넓은 공간에는 따스하지만 소박한 산업용 전등이 걸려 있고, 테이블과 의자는 나무 본래의 색을 자연스럽게 드러내고 있다. 류리궁팡의 유리 공예품들도 레스토랑 곳곳에 놓여 멋진 장식품이 되어준다. 가장 눈길을 끄는 것은 600개의 유리 조각을 쌓아 만든 바bar로, 기존의

건축물 사이에서 자연스럽게 어울린다.

음식 또한 하나의 예술작품이라고 생각하는 샤오산탕은 그릇 하나도 매우 신중하게 준비한다. 그렇게 고른 그릇에 담겨 나온 요리는 맛이 좋을 뿐 아니라 시각적인 즐거움도 함께 안겨준다. 요리는 타이완 현지의 식재료를 위주로 계절에 따라 메뉴를 조정한다. 이탈리아식 조리법과 결합한 퓨전 요리를 선보이는데, 우위쯔烏魚子와 스파게티를 결합한 음식은 감탄이 절로 나온다.

정통 타이완의 맛을 만나고 싶으면 신이취 변두리에 있는 진셴루러우판金仙魯肉飯의 루러우판魯肉飯을 추천한다. 돼지 뒷다리 껍질을 큰솥에서 볶아 기름기를 뺀 다음, 다시 간장과 얼음설탕을 넣고 콜라겐이 충분히 배어나올 때까지 끓여서 갓 지은 밥 위에 얹으면 진수성찬이 따로 없다. 진선루러우판의 인기 메뉴인 샤쥐안蝦捲은 매일 신선한 새우살과 어장魚漿을 함께 반죽해서 고유의 비법으로 만드는데 그 맛은 타이완에서 최고라고 할 만하다. 거기에 신선한 어장과 샤장완蝦醬丸으로 만든 쫑허탕綜合湯을 곁들이면 완벽한 한 끼 식사가 된다.

❶ 타이베이탐색관(台北探索館)

주소 : 스푸루(市府路) 1호
전화 : (02)2757-4547
영업시간 : 오전 9시~오후 5시(월요일 휴무)
특이사항 : 토요일, 일요일은 오전 10시와
　　　　　오후 2시에 안내 프로그램이 있다.

❷ 하오추(好丘)

주소 : 쑹친제(松勤街) 54호
전화 : (02)2758-2609
영업시간 : 오전 10시~오후 9시반,
　　　　　주말 오전 8시~오후 6시(월요일 휴무)

❸ 난춘샤오츠(南村小吃)

주소 : 좡징루(莊敬路) 178항 12호
전화 : (02)8789-3628
영업시간 : 정오~오후 2시 반,
　　　　　오후 5시 반~11시(일요일 휴무)

❹ 쑹산원창위안취(松山文創園區)

주소 : 광푸난루(光復南路) 133호
전화 : (02)2766-1388
영업시간 : 오전 11시 반~오후 11시
특이사항 : 중샤오둥루忠孝東路 4단
　　　　　553항 쪽으로 가는 것을 추천한다.

❺ 샤오산탕(小山堂)

주소 : 광푸난루 133호
전화 : (02)2766-5610
영업시간 : 오전 11시 반~오후 11시
특이사항 : 중샤오둥루忠孝東路 4단
　　　　　553항 쪽으로 가는 것을 추천한다.

❻ 진셴루러우판(金仙魯肉飯)

주소 : 쑹산루(松山路) 473호
전화 : (02)2727-2267
영업시간 : 오전 10시~오후 8시 반

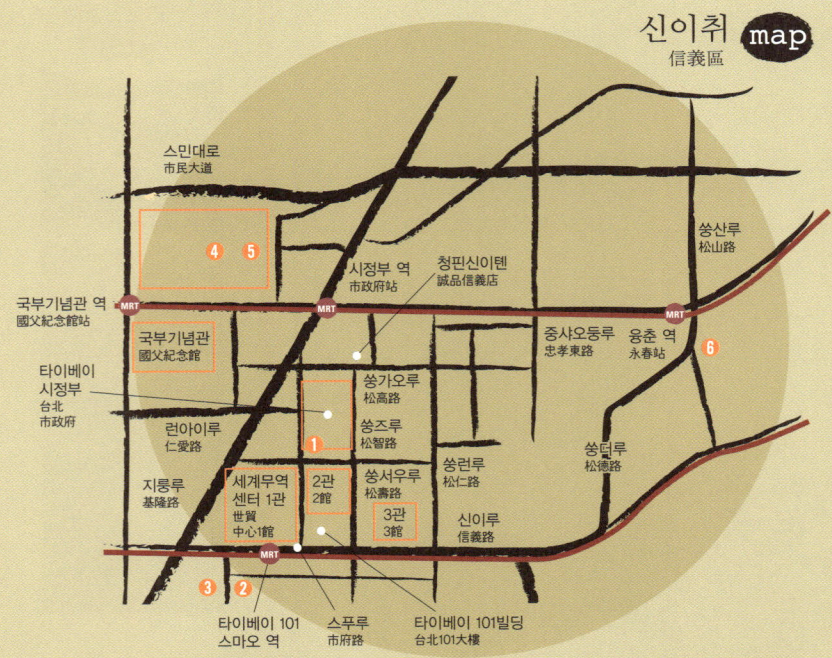

신이취
信義區 **map**

新店線

신뎬선

Taipei Trip

난먼시장

南門市場

20 맛을 찾아 떠나는 여행

MRT
중정기념당中正紀念堂 역

Nan Men Market

국민당 정부와 함께 타이완으로 온 관리들은 대부분이 장쑤江蘇 성과 저장浙江 성 지역 출신으로, 타이완에 정착한 후 자연히 고향 음식을 그리워하게 되었다. 그렇게 시간이 흐르면서 점차 북방 음식을 주로 취급하는 난먼시장이 인기를 끌게 되었고 고향의 맛으로 타지인과 그 자녀들의 향수를 달래주었다.

전국 음식의 집합소, 난먼시장

난먼시장 1층은 타지의 식재료를 주로 판매하고 지하에서는 신선한 채소, 과일, 생선, 고기를 취급한다. 줄줄이 늘어선 좌판은 질서정연하고, 어디든 깨끗하고 깔끔하게 청소 및 정리가 되어 있고 시원한 바람까지 불어와 쾌적하다. 시장의 오른쪽으로 들어가보면 난먼에서 유명한 난위안南園을 만날 수 있다. 상하이 출신의 주인 할머니는 스무 살 때 어머니에게서 정통적인 장쑤·저장 성 지역의 음식을 배웠다. 후저우쭝湖州粽은 원래 저장 성 항저우의 시후에서 탄생한 쭝쯔粽子로 생 찹쌀을 절인 삼겹살과 함께 4시간 동안 물에 끓이기 때문에, 쪄서 만드는 다른 쭝쯔보다는 더욱 부드럽고 향긋한 편이다. 별다른 재료가 들어가지 않고도 잎에 싸인 향긋한 밥내와 기름진 고기 냄새만으로 후저우쭝은 많은 고객의 사랑을 받고 있다.

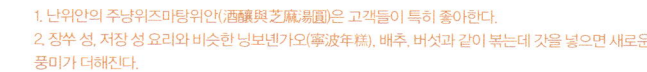

난먼시장의 먹을거리는 경축일과 떼려야 뗄 수 없는 관계에 있다. 사람들은 단오에는 쭝쯔를 사기 위해, 대보름에는 탕위안을 사기 위해 난 먼시장에 들른다. 상하이허싱가오퇀上海合興糕糰의 탕위안은 검은 쌀, 대추, 땅콩, 장미, 금귤 등 소의 종류 가 매우 다양하다. 청명절에는 징퇀菁糰도 만들어서 파는 데, 겉 반죽에 쑥을 빻아 섞어서 녹색을 띠는 점이 독특 하다. 그 외에도 쑹가오鬆糕, 첸청가오千層糕, 마라이가오 馬來糕, 인쓰쥐안銀絲卷 등 상하이 음식들 역시 허싱이 자랑 스럽게 내놓는 메뉴이다.

설을 맞아 한 상 가득 음식을 차리려면 무척 고되다. 시 장 안에 있는 이창위팡億長御坊은 주부들을 위해 갓 만든 음식을 잔뜩 내놓고 판매한다. 빙탕장야冰糖醬鴨, 구라오 러우咕咾肉, 허예파이구荷葉排骨, 더우반리위豆瓣鯉魚부터 포탸오창佛跳牆, 카오팡烤方까지 정통적인 장쑤·저장 성 음식들이 다 모여 있다. 그중 빙탕롄어우冰糖蓮藕 같은 특 색 있는 음식들은 특히 인기가 좋다. 빙탕롄어우는 연근 의 가운데 토막을 잘라 구멍마다 찹쌀을 채워 넣고 얼음 설탕 맛이 밸 때까지 삶는 것으로, 아삭한 연근과 차진

찹쌀이 어우러져 색다른 맛을 낸다. 은근한 불에 장시간 삶아낸 충카오지위^{蔥烤鯽魚}는 생선 알이 푸짐하게 들었을 뿐만 아니라 특제 소스에 재었다가 바삭하게 튀겨내서 가시도 바삭바삭하다. 유명 인사들도 이곳을 즐겨 찾을 정도로 그 맛을 인정받고 있다.

이어서 훠투이^{火腿} 맛집 완유취안^{萬有全}으로 가보자. 가게 앞에는 후난라러우^{湖南臘肉}, 매운맛 소시지인 샹창^{香腸}, 홍콩식 간라창^{肝臘腸}, 라러우 등이 줄줄이 매달려 있고, 가게 안에는 칭펑위^{靑風魚}, 라지투이^{蠟雞腿}, 셴위^{鹹魚} 등 염장 식품도 있다. 명절이면 이 가게를 잘 아는 이들은 이곳의 진화훠투이^{金華火腿}를 사간다. 그렇게 사간 훠투이를 썰어서 탕에 넣고 끓이면 탕의 맛이 한층 더 구수하고 진해진다. 조금 간편하게 먹고 싶다면 미즈훠투이^{蜜汁火腿}를 사서 쓰팡빙^{四方餅}, 카오쑤팡^{烤素方}과 함께 먹으면 바삭한 빙과 함께 벌꿀 향이 입을 더욱 즐겁게 해준다. 이런 것들이 모두 새해 분위기를 물씬 풍기게 해주는 장쑤·저장 성 지역의 먹을거리이다.

타이베이의 전통 시장은 각양각색 무척 다채로운데, 난먼은 그중에서도 가장 특색 있는 재래시장이라고 할 수 있다. 가게들마다 타지에서 계승된 손맛을 기반으로 하며 긴 세월이 흐르도록 식재료와 조리법에 대한 소신을 지켜오고 있다.

1. 허싱은 달콤한 도넛 모양의 광빙(光餅)을 만드는데, 이것은 명나라 장수 척계광(戚繼光)이 전쟁시에 연일 비가 내려 밥 지을 불을 피울 수 없게 되자 요리사에게 만들게 한 것으로 병사들은 이것을 끈으로 꿰어 몸에 달고 다녔다고 한다.
2. 허싱의 상하이 카스텔라(上海鬆糕)는 오리지널, 팥, 붉은 누룩인 홍국(紅麴), 세 가지 맛이 있다. 설날에는 아직도 전통적인 대형 팥 카스텔라를 만든다. 평소에 대형 카스텔라를 주문하려면 미리 예약을 해야 한다.

옛 시절의 기억, 구링제^{牯嶺街}와 지유서^{集郵社}

1961년 6월 15일 새벽, 젠궈중학교建國中學 야간반 2학년 학생이 자기가 좋아하는 여학생을 칼로 일곱 차례 찔러 살해한 사건이 일어났다. 이는 타이완 국내에서 미성년자가 저지른 첫 번째 치정 살인으로 기록되었다. 당시에 젠궈중학교 야간반에 재학 중이었던 양더창楊德昌은 30년 후 이 사건을 모티프로 영화 〈고령가 소년 살인사건〉을 제작했다. 구링제고령가를 언급할 때면 사람들은 자연스럽게 이 영화를 떠올린다. 영화에는 다른 성省의 공무원 가정, 주거 지역, 책 노점상, 아이스크림 가게 등과 함께 그 시절의 구링제 모습이 담겨 있다. 옛날 구링제에는 절판본, 선장본線裝本, 잡지를 막론하고 수많은 서적이 몰려들

청룽지유서(成龍集郵社)는 구링제에 위치한 가게로 없는 것이 없을 정도로, 소장 자료가 풍부하다.

었는데 그 배경은 일제강점기로 거슬러 올라간다. 당시 이곳 일대는 쬐주젠팅佐久間町으로 많은 일본 고위관리들의 거주 지역이었다. 패전 후 일본인들이 고국으로 돌아가기 전에 집안의 서적 및 서화 골동품을 내다 팔면서 구링제의 고서적 노점상이 더욱 커지게 되었다. 후에 정부가 도시 외관 정돈을 명목으로 이런 책 노점상들을 광화상창光華商場으로 이전시키면서 구링제에 가득하던 책 냄새도 서서히 흩어졌다.

지금의 구링제는 또 다른 매력 포인트가 있다. 길가 양옆으로 크고 작게 늘어서 있는 지유서集郵社가 바로 그것이다. 우표 발행 첫날에 봉투에 우표를 붙이고 소인을 찍은 첫 편지봉투와 소형 시트, 동전, 지폐에서부터 기념 차표, 지지地支 우표, 명화 우표까지 모두 모여 있는 곳이다. 그중에는 일본, 한국, 홍콩, 마카오 등지의 외국 우표와 화폐도 있으며, 수집가뿐 아니라 일반인들도 즐겨 찾는다.

❶ 난먼시장(南門市場)

주소 : 뤄쓰푸루(羅斯福路) 1단 8호
영업시간 : 오전 8시〜오후 6시(월요일 휴무)

a.난위안식품점(南園食品店)

주소 : 난먼시장 192번 노점
전화 : (02)2396-3852

b.상하이허싱가오퇀뎬(上海合興糕糰店)

주소 : 난먼시장 201번 노점
전화 : (02)2321-4702

c.이창위팡(億長御坊)

주소 : 난먼시장 187, 189번 노점
전화 : (02)2393-0383

d.완유취안(萬有全)

주소 : 난먼시장 143번 노점
전화 : (02)2321-9202

❷ 청룽지유서(成龍集郵社)

주소 : 구링제(牯嶺街) 13호 1층
전화 : (02)2392-8056
영업시간 : 오전 10시〜오후 7시

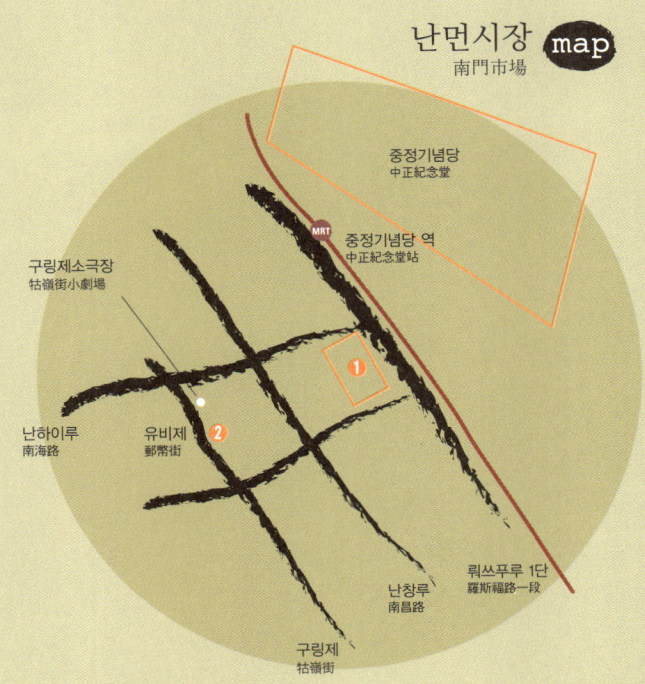

난먼시장 map
南門市場

중정기념당
中正紀念堂

MRT 중정기념당 역
中正紀念堂站

구링제소극장
牯嶺街小劇場

난하이루
南海路

유비제
郵常街

난창루
南昌路

구링제
牯嶺街

뤄쓰푸루 1단
羅斯福路一段

Normal University

신뗀선을 따라 남쪽으로 가면 각자 특색이 또렷한 스다^{師大, 사범대}와 타이다^{台大, 타이완국}
^{립대} 두 대학가가 나타난다. 스다의 언어연수 센터^{語言中心}는 역사가 오래되고 이름이 널
리 알려진 곳으로 중국어를 배우고 싶어하는 외국인들 상당수가 이곳을 우선적으로 고
려한다. 외국인 학생과 교사가 늘어나면서 스다 일대의 이국적인 정취는 점점 농후해지
고 있으며 태국, 말레이시아, 이탈리아, 한국 음식점이 큰길 작은 길 할 것 없이 빼곡하
게 들어서 있다. 공원에는 나무 아래에 앉아 기타를 치고 이야기를 나누는 학생들이 있
고, 야시장에는 각 나라의 분위기가 또렷한 작은 가게들이 모여 있는 이곳은 자유롭게
즐기는 여가 분위기가 형성되어 있다.

자유로운 이국의 느낌은 이곳만의 독특한 분위기이고, 수수하고 소박한 가격은 모든
대학가의 공통된 특징이다. 주머니가 얇은 학생들에게는 양이나 맛보다 가격이 더
욱 중요한 문제이기 때문이다. 스다에 오면 마음 편히 술을 마시거나 음악을 들을 수
있는 가게들이 많다. 길거리 쇼핑을 하며 간식을 즐기기에도, 푸짐한 식사를 하기에
도 좋은 곳이다.

스다야시장師大夜市의 유명한 음식들

스다루師大路 39항으로 들어서면 베이강더우화北港豆花를 만날 수 있다. 문을 연 지 30년된 오래된 가게로 간판 메뉴인 이런더우화薏仁豆花 하나로 긴 세월 스다 여학생들의 입맛을 사로잡고 있다. 율무는 부드럽게 잘 퍼져서 입에 넣자마자 사르르 넘어가고 순두부는 전통적인 식감을 고스란히 간직하고 있으며 얼음설탕을 넣고 끓인 탕 또한 느끼하지 않고 시원하다. 직접 만들기 때문에 양이 한정되어 있어 다 팔고 나면 문을 닫는다. 더우화 가게 맞은편에 있는 아뉘커리빙阿諾可麗餅은 늘 가게 앞에 긴 줄이 늘어서 있다. 아뉘의 커리빙은 다른 가게들에서 파는 것과 가격은 같지만 재료가 더욱 푸짐하고 알차다. 점원들이 커리빙을 만드는 모습에서 신선한 과일과 위미훠투이玉米火腿, 과일

잼, 아이스크림 등 재료를 아끼지 않고 듬뿍듬뿍 넣는 걸 볼 수 있다. 달콤한 맛부터 짭짤한 맛까지 다양하게 선택할 수 있다.

이어서 스다야시장의 대표적인 맛집 쉬지성젠바오許記生煎包로 가보자. 원래 상하이 관탕바오灌湯包는 쪄서 만들지만 이 가게의 성젠바오는 물에 끓이는 방식을 택해서 식감은 오히려 탕바오湯包에 가깝다. 성젠바오는 피가 얇으면서도 쫀득하고 속에는 채 썬 양배추와 양념한 돼지고기 소가 들어 있어 맛있는 육즙이 가득하다. 먹을 때 입을 데지 않도록 조심해야 한다.

예술 분야를 전공한 주샹쥐의 사장 우야후이(吳雅惠) 씨는 고서와 예술 시장은 일종의 장기투자여서 쌓이면 무르익는다는 생각으로 수요가 있을 때를 대비해 많은 준비를 하고 있다.

고서적과 절판본의 보물 창고, 주샹쥐舊香居

야시장 앞쪽에는 주로 먹을거리가 몰려 있고 룽취안제龍泉街를 따라 남쪽으로 가다 보면 옷가게, 공예품 가게 등이 점차 많아지다가 구펑공원古風公園 근처에 이르면 한눈에도 특별해 보이는 서점을 만날 수 있다.

"1919년, 파리 센 강의 좌안에 출판의 자유를 지키기 위해 셰익스피어 서점이 문을 열었습니다." 프랑스에는 백 년 가까운 역사를 가진 서점들이 있으나, 타이완을 돌아보면 오랜 시간을 지켜온 서점들이 상대적으로 적은 편이다. 현재 주샹쥐를 운영하는 우씨 남매는 아버지가 40여 년간 서적 매매를 해온 경험을 토대로 소박하고 운치 있는 서점을 꾸려나가고 있다. 문학, 역사, 철학, 예술과 관계된 고서적이나 절판본을 만나볼 수 있어 작가, 교수, 장서가, 출판사 편집자를 막론하고 모두 이곳을 찾아와 다른 서점에서는 볼 수 없는 희귀 도서를 구해가곤 한다.

음악, 선술집, 잡화점, 자부ZABU

스다 후문 쪽으로 나 있는 푸청제浦城街는 학생들 외에는 평소 쇼핑객이 많지 않은 편인데, 자부는 오히려 그 고요함에 끌려 이곳에 가게를 열었다. 자부는 선술집 같기도 하고 때론 고양이가 돌아다니고 음악이 흐르는 식당 같기도 한 곳이다.

개업 초기, 자부의 주인장은 근처를 돌아다니며 낡은 소파와 테이블을 주워와 실내를 꾸몄다. 심지어는 컨테이너 차량에서 일꾼이 앉아 있는 의자를 보고 본인이 찾던 분위기에 딱 맞는다고 생각해 새 의자를 주고 교환해오기도 했다. 이렇게 하나하나 모은 물건들이 모여 남들이 쉽게 흉내 낼 수 없는 독특한 분위기를 연출하고 있다. 그렇다고 해서 단지 독특한 분위기만 내세우는 가게라고 오해하면 안 된다. 일본에 유학을 다녀온 친구에게 일본 요리를 배운 주인장이 치쓰구이위판퇀起司鮭魚飯糰, 웨이청탕味噌湯, 상터우푸만마링수펀上頭舖滿馬鈴薯粉, 자셰炸屑, 쉬에위쯔鮭魚子와 구이위鮭魚 쭝허차파오판粽合茶泡飯 등 음식을 하나하나 정성을 다해 직접 만든다. 편안하게 술을 즐기고 싶다면 청주, 독일 맥주, 와인 등도 있으며 안주로는 위쯔사오玉子燒, 달걀말이, 뉴팡롄부라牛蒡甜不辣, 우엉 튀김, 커러빙可樂餅, 크로켓 등을 추천한다. 귓가를 울리는 로큰롤을 들으며 새벽까지 마음껏 취해볼 수 있는 곳이다.

생활 미학의 아지트, 난춘뤄南村落

둥취가 타이베이의 빛나는 외양을 보여준다면 타이베이 성 남쪽에 고요히 자리 잡은 난춘뤄는 타이베이의 영혼이라고 할 수 있다. 난춘뤄는 작은 서점, 언더그라운드 음악 공연, 분위기 있는 카페 등이 모여 비주류 문화를 지켜나가고 있는 곳이다.

몇 년 전 여름부터 음식여행가 한량루韓良露는 소프트웨어 보안업체인 트렌드마이크로 최고경영자 천이친陳怡蓁과 손잡고 '문화와 놀자'라는 구호 아래 난춘뤄를 조성하고, 문화국文化局과 협력하여 생활 및 요리 등 문화예술 방면의 활동을 폭넓게 펼치고 있다. 또한 넓은 인맥을 십분 활용하여 작가 수궈즈舒國治와 함께 골목 거닐기, 작가 류커낭劉克襄의 자연 생태 강의, 건축가 리칭즈李清志의 건축 강연 등 프로그램도 진행했다. 또한 중화전신기금회中華電信基金會와 함께 소규모 장터를 열어서 타이완의 여러 마을에서 정성껏 만든 나무 테이블과 의자, 스톤 페인팅, 목각 작품 등을 다양하게 선보인다. 한량루는 "땅을 이롭게 하는 창작활동과 식재료에 돈을 쓰는 일 또한 사회적 의무임을 알아야 한다"라고 말했다. 특별한 용건이 없더라도 한번씩 난춘뤄 홈페이지에 들러 살펴볼 만하다. 1년에 100회 가까운 강좌와 체험 및 행사 등이 진행되고 있으므로 미학과 생활 아이디어를 접할 수 있는 비밀 기지가 되어줄 것이다.

먹으면 즐거워지는 피자,
메리 제인瑪莉珍 PIZZA

메리 제인 PIZZA 안으로 들어서면 젊고 활기찬 기운이 공기 중에 가득 하다. 이 가게의 주인은 피자를 좋아해서 여러 달 동안 이탈리아 요리사에게 피자 만드는 법을 배우기도 했고, 외국 여행을 하면서 맛있는 피자를 맛보게 되면 반드시 그 자리에서 요리사에게 가르침을 전해받아 메리 제인이 추구하는 특색 있는 피자를 개발해냈다. 도우를 예로 들어보면 보통은 밀대로 밀어서 반죽을 펴지만 메리 제인에서는 손으로 반죽을 직접 눌러서 편다. 비록 힘이 들고 시간도 많이 걸리지만 이렇게 만들어진 도우는 특히 쫀득쫀득하다. 거기에 잣과 마늘, 페스토소스를 써서 더욱 향기롭고 맛깔스러운 피자를 탄생시켰다. 맛있는 피자를 맛보고 싶다면 메리 제인을 추천한다.

메리 제인의 주인은 예전에 캄보디아를 여행한 적이 있는데 거기서 대마를 주재료로 한 피자를 맛보게 되었다. 그때의 감흥 덕에 가게 이름을 대마의 다른 이름인 '메리 제인'으로 정하게 되었다고 한다. 자신의 가게에 온 손님들이 피자를 먹으며 모두 즐거운 분위기를 느끼게 되길 바랐다고.

타이베이 속 옛 상하이, 광성스핀항廣生食品行

스다 일대의 젊음이 넘치는 가게들과 달리 광성스핀항은 문을 연 지 오래되어 예스럽고 진중한 멋이 있다. 이전에는 '얼야수신이팅爾雅書馨一庭'이라는 이름의 카페였으나 가게가 너무 낡아 개축한 뒤 상하이 분위기가 물씬 풍기는 레스토랑으로 바뀌었다. 오랫동안 골동품 가게를 했던 사장이 레스토랑을 고풍스럽게 꾸며, 마치 장아이링張愛玲의 소설 속 시대로 들어간 듯한 기분을 느끼게 한다.

사장의 어머니가 장쑤 성 출신이라 메뉴는 가정식인 닝보차이寧波菜를 위주로 한다. 세트 메뉴 중에서는 스쯔터우사궈獅子頭砂鍋, 황위더우푸黃魚豆腐, 장저쭈이지江浙醉雞

가 가장 인기가 좋다. 세 가지 사이드 메뉴와 탕류, 그리고 디저트와 음료도 함께 즐기면서 장저江浙의 정통 음식 맛을 느낄 수 있다. 오후에 이곳에 들른다면 타이완 차나 푸젠의 재스민 녹차茉莉綠茶, 추수이푸룽出水芙蓉을 맛보길 권한다. 시원하고 향긋한 차에 따뜻한 홍더우쑹가오紅豆鬆糕, 나이황바오奶皇包 등 다과나 전통적인 닝보주냥탕위안寧波酒釀湯圓, 푸위안단福圓蛋을 곁들여 먹으면 장저 맛의 정수를 느낄 수 있을 것이다.

쯔텅루紫藤廬, 건물 가득 되살아나는 차의 향기

1960년대 중반에 저우위周瑜 선생은 문화예술계의 지인들과 함께 쯔텅루에서 타이완 최초의 실험극단 경선耕莘을 창단하고 이곳에서 낮이고 밤이고 무대 연습을 했다. 1960년대 후반에는 재야인사들의 민주 운동 근거지가 되었다. 이후 저우위 선생이 이곳에 쯔텅루 찻집을 열어 여러 분야의 창작자들이 작품을 선보일 수 있는 무대를 제공해주었다.

오늘날의 쯔텅루는 고즈넉한 정원이 있는 조용한 카페의 모습이다. 일제강점기의 해군 기숙사로 시작해 부친인 전 관세서장 저우더웨이周德偉의 거처로 쓰였다가, 또 현재의 찻집에 이르기까지 80년 세월을 간직한 이 늙은 저택의 고풍스러운 멋은 여전히 변함이 없으며, 넓은 포용력도 여전하다. 찻집은 각종 타이완 차 외에도 윈난의 푸얼차보이차와 룽징차용정차, 그리고 수제 다과와 건강 간식 등을 제공한다. 비정기적으로 그림을 교체하여 전시회를 여는 등 예술문화 분위기가 농후한 곳이다.

❶ 주샹쥐(舊香居)

주소 : 룽취안제(龍泉街) 81호
전화 : (02)2368-0576
영업시간 : 오후 1시~오후 10시(월요일 휴무)

❷ 메리 제인 피자(瑪莉珍, Mary Jane Pizza)

주소 : 타이순제(泰順街) 44항 25호
전화 : (02)2368-5222
영업시간
점심식사 : 정오~오후 2시
     (토요일, 일요일은 오후 4시까지)
저녁식사 : 오후 5시 반~10시
     (토요일, 일요일은 오후 11시까지)
특이사항 : 휴일에는 사전 예약 필수

❸ 자부(ZABU)

주소 : 푸청제(浦城街) 9-4호
전화 : (02)2369-6686
영업시간 : 오후 3시~11시(금요일, 토요일은 새벽 3시까지)

❹ 난춘뤄(南村落)

주소 : 스다루(師大路) 80항 10호
전화 : (02)8369-2963
홈페이지 : www.southvillage.com.tw

❺ 얼야수신이팅 광성스핀항
   (爾雅書馨一庭 廣生食品行)

주소 : 타이순제 38항 25호
전화 : (02)2363-3414
영업시간 : 오전 11시 반~오후 11시(둘째, 넷째 주 화요일 휴무)

❻ 쯔텅루(紫藤廬)

주소 : 신성난루(新生南路) 3단 16항 1호
전화 : (02)2363-9459
영업시간 : 오전 10시~오후 11시

스다
師大 **map**

베이강더우화
北港豆花

쉬지성젠바오
許記生煎包

허핑둥루 1단
和平東路一段

타이완
사범대학
台灣師範大學

아눠커리빙
阿諾可麗餅

인하이광옛집
殷海光故居

신성난루 3단
新生南路三段

푸청제
浦城街

원허제
雲和街

룽취
안제
龍泉街

스다루
師大路

타이순제
泰順街

원저우제
溫州街

MRT

타이뎬
다러우 역
台電大樓站

The special Po ai area

궁관은 타이완 제일의 대학인 타이완국립대학 근처에 위치하고 있어서 이 일대는 문청들의 집합지가 되었다. 혹여나 '문청'이라는 말이 사람을 지나치게 지식인과 비지식인으로 나누는 듯하다면, 사실 무어라 부르든 상관없이 누구라도 조금 더 알차고 충실한 문화생활을 추구할 수 있는 곳이다. 이곳에는 성실하고 솔직한 언더그라운드 로큰롤 음악과 독립 음반 가게도 있고 좋은 커피와 좋은 음악을 제공하는 카페도 있다. 수업이 끝난 뒤 인디 영화를 보거나 테마 서점이나 헌책방 나들이를 하거나 간식을 먹거나 교정에서 여유롭게 산책을 즐기고 싶다면, 궁관으로 가보자.

언더그라운드 음악과 독립 음반 가게

레코드사에 소속되어 있는 가수들은 노래 시장의 흐름에 따라 반드시 포장을 하고 음악적으로 타협해야 한다. 그래서 순수하게 음악을 즐기고 싶은 젊은이들은 지인들과 함께 직접 밴드를 꾸리고 그들만의 음악 스타일을 발전시켜나간다. 궁관에는 이런 청춘들에게 무대를 제공해주는 곳이 많으며, 이런 무대는 대중의 귀를 더욱 트이게 하여 음악을 선택하는 폭을 넓혀준다.

의자에 걸려 있는 브래지어나 심혈을 기울여 이름 붙인 메뉴 웨징빙차月經冰茶, 수양마파랑쭈허驊洋馬發浪組合, ○형투이양충취안O型腿洋蕊圈 등은 언더그라운드 음악사에서 한자리를 차지하고 있는 뉘우뎬女巫店이 여러 해 동안 일관되게 지켜오고 있는 스타일이다. 매주 목요일에서 토요일 밤까지 밴드 공연이 열리는 것 외에 독일식 테이블게임이나 타로카드 등을 즐길 수 있는 이곳은 자유분방한 서양 분위기가 물씬 풍긴다.

변두리 쪽에 자리 잡은 더 월The Wall은 음악과 문화예술 공연을 하는 공간으로, 아기자기한 맛이 있는 뉘우멘과는 또 다른 스타일의 공간이다. 이곳은 공간이 넓어 최대 500명까지 수용이 가능하며 밴드 활동도 더욱 활발히 이루어지고 있고 해외 뮤지션을 초청하여 공연을 열기도 한다. 음악에 마음껏 몸을 맡기고 싶은 사람이라면 이곳에 와서 환상적인 분위기에 빠져볼 것을 추천한다.

멋진 노래와 음악을 즐기고 난 뒤에는 독립 음반을 만나러 가보자. 성제聖界 라이브하우스 남자화장실에서 출발한 샤오바이투 레코드小白兔唱片는 처음에는 독일에서 중고 CD를 사들여 팔다가 나중에 지금의 자리에 안착했다. 가게 크기는 작지만 국내외의 다양한 로큰롤을 만나볼 수 있다.

음악이 흐르는 인문 카페

몇 해 전 아콴阿寬은 원저우제溫州街에서 카페 노르웨이의 숲挪威森林을 운영했다. 세월이 흐르면서 카페에 노트북을 가져와 모니터를 들여다보며 인터넷을 하는 손

노르웨이의 숲은 이탈리아식 커피를 주로 판다.
가장 사랑받는 대표 커피는 카푸치노

님들이 점점 많아지기 시작하자 아콴은 온라인형 손님들을 보는 게 싫어져 아예 가게 문을 닫아버렸다.

다행히 궁관에 연 가게는 여전히 운영 중인데, 남녀노소 누구나 즐길 수 있는 대중화 노선을 걷는 대신 유럽의 차분한 분위기를 추구하고 있다. 아콴은 조용한 것을 좋아하는 사람들이 찾아와 커피 한잔을 즐기며 책을 읽거나 조용하게 담소를 나누고, 자신이 오랫동안 모아온 블루스, 재즈, 영화음악 등을 감상할 수 있는 그런 공간을 제공하고 싶었다. 커피의 맛이나 카페 분위기를 중점적으로 알리는 데 애쓰기보다 커피를 마시는 행위 자체의 단순한 즐거움을 추구한다.

무라카미 하루키의 소설 제목에서 이름을 따온 또 다른 카페 해변의 카프카海邊的卡夫卡는 커피에 더욱 다양한 문화예술 요소를 가미했다. 영화 마니아클럽과 카프카 언플러그드卡夫卡不插電 등의 활동을 펼쳐, 커피나 술을 마시면서 일상에서 쉽게 만나보기 힘든 영화를 감상하거나 기타 선율을 들을 수 있도록 했다.

라오우老五의 레코드판 로큰롤, 우윈巫雲

주로 어떤 사람들이 우윈을 찾느냐는 질문에 라
오우는 이렇게 대답했다.

"재미없는 사람들이죠."

"아, 그렇군요…… 그럼 영업시간은 언제부터 언
제까지입니까?"

"점심 때 열어서 새벽 1시나 2시, 아니면 3시나
4시, 뭐 그날그날 분위기 봐서 닫습니다."

윈난에서 태어난 라오우는 미얀마 화교 출신으
로, 고등학생 때 타이완으로 건너왔다. 어머니
에게서 배운 윈난 음식에 자기만의 맛을 더해
음식을 만들고 술을 팔고 있다. 가게 안에는 오

랫동안 모아온 수만 장에 달하는 레코드판이 진열되어 있다. 우윈의 음식 맛은 온통 시
고 맵다. 월계수 잎, 레몬그라스, 울금, 홍고추를 써서 조리한 예즈자리지椰汁咖哩雞 는
태국 쌀로 지은 밥에 얹어 먹으면 매콤하면서도 중독성이 강하다. 맥주나 와인 또는 칵
테일 등이 생각난다면 독특한 맛의 윈난더우푸창雲南豆腐腸, 윈난루산雲南乳膳, 바이이쏸
러우擺夷酸肉, 완더우쑤펜豌豆素片 등을 안주로 추천한다.

중고 서점과 독특한 서점

이전에는 중고 책이나 절판본을 구하려면 광화상창으로 가 먼지가 켜켜이 앉은 헌 책 더미를 뒤져야 했지만, 최근 10년간 타이다 주변의 오랜 상점들이 점점 중고 서점으로 바뀌면서 다양한 풍경을 그려내고 있다. 중고 책의 유통은 좋은 책에 새 생명을 불어넣을 뿐만 아니라 환경보호의 차원에서도 바람직한 일이다. 모리서점茉莉書店은 바로 이런 정신에 입각해서 헌 책을 분야별로 서가에 깔끔하게 진열하고, 이곳을 찾아 책을 읽는 이들을 위해 세심하게 화장실도 마련해두었다. 이곳은 '책벌레에게 저렴하게 책을' 이라는 모토로 영업을 하고 있다. 주인 자신이 역사와 철학 관련 서적을 즐겨 읽는 책벌레이기 때문에 자신이 돈을 조금 덜 벌더라도 책을 사랑하는 사람들에게 주머니 부담 없이 책 읽을 기회를 주고 싶어한다. 사상의 흐름이 활발하게 발전하고 있는 궁관에는 중고 서점 외에도 또렷한 주제를 가지고 운영되는 서점들도 있다. 자체적으로 강좌도 개설하는 뉘서점女書店은 페미니즘을 주제로 하는 서점이다. 반면 성적소수자들을 위해 목소리를 내고 있는 징징서고晶晶書庫도 있다. 이곳은 10여 년 동안 동성애자 인권운동의 중요한 기지가 되어 왔으며 동성애자들과 대중이 소통하는 기회를 제공한다.

1. 모리도 잡지와 CD, 영화 DVD를 같이 판다.
2. 징징서고
3. 구진서랑(古今書廊)은 궁관 일대에서 제일 오래된 헌책방이다.

❶ 뉘우덴(女巫店)

주소 : 신성난루(新生南路) 3단 56항 7호
전화 : (02)2362-5494
영업시간 : 오전 11시~자정
　　　　　　(목요일~토요일은 새벽 1시까지 영업)
홈페이지 : www.witchhouse.org
특이사항 : 2층은 여성 전문 서점인 뉘서점(女書店)이다.

❷ 더 월(The Wall)

주소 : 뤄쓰푸루(羅斯福路) 4단 200호 B1
전화 : (02)2930-0162
영업시간 : 밴드 공연은 오후 8시~11시,
　　　　　　상점가는 오후 3시~11시(월요일 휴무)
홈페이지 : www.the-wall.com.tw

❸ 샤오바이투 레코드(小白兎唱片行)

주소 : 뤄쓰푸루 4단 200호 B1
전화 : (02)8935-1454
영업시간 : 오후 3시~11시

❹ 노르웨이의 숲(挪威森林)

주소 : 뤄쓰푸루 3단 284항 9호
전화 : (02)2365-3089
영업시간 : 정오~자정

❺ 해변의 카프카(海邊的卡夫卡)

주소 : 뤄쓰푸루 3단 244항 2호 2층
전화 : (02)2364-1996
영업시간 : 정오~자정(금요일, 토요일은 새벽 2시까지)
홈페이지 : kafkabythe.blogspot.com

❻ 우윈(巫雲)

주소 : 뤄쓰푸루 3단 244항 9농 7호
전화 : (02)2369-3906
영업시간 : 정오~새벽

궁관
公館　map

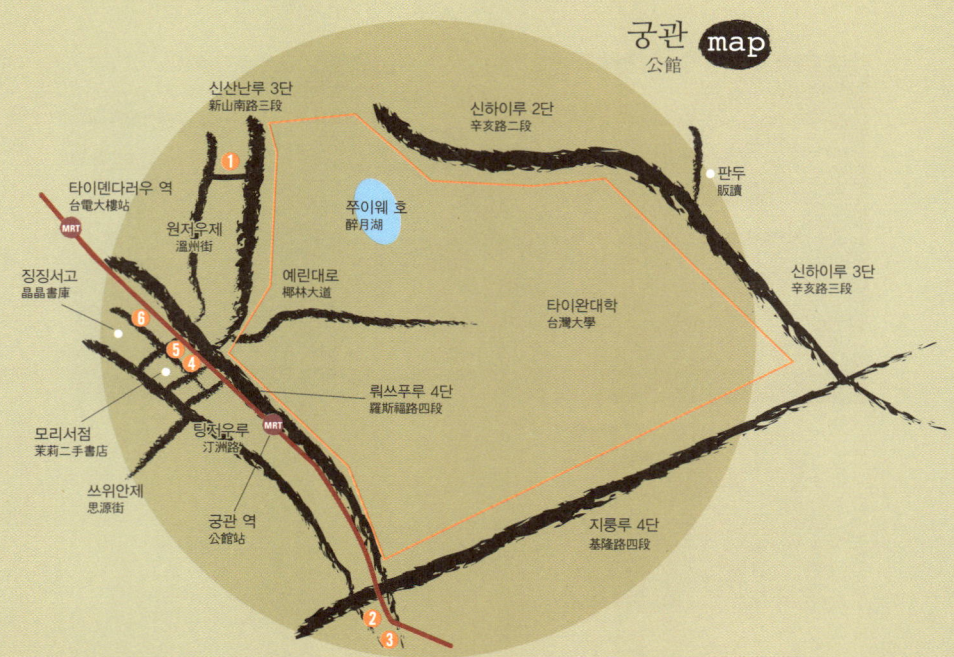

文湖線 원후선

Taipei Trip

민성서취

民生社區

23 이상적인 라이프스타일을
꿈꾼다면

MRT
중산궈중中山國中 역

Ming Sheng Community

민성서취는 타이베이 변두리에 위치한 덕분에 고즈넉한 분위기를 간직하고 있다. 미국의 원조를 받아 일상생활과 레저가 완비된 미국식 도시로 설계되었다. 건물 사이의 거리가 넓고 시야가 시원하며, 빽빽한 가로수 사이를 거닐면 절로 여유로운 분위기에 빠져들게 된다. 최근 몇 년 사이에는 성인용품점, 작업실 등이 속속 들어서기 시작했으며, CF 및 영화감독들도 촬영을 위해 이곳을 찾고 있다. 자급자족하는 이곳은 비록 MRT도 지나지 않지만 여행 중에 빼놓을 수 없는 타이베이의 한 페이지다.

슬로라이프가 있는 공간, 민성위안환民生圓環

민성서취는 슬로라이프에 어울리는 공간이다. 둥취東區처럼 화려한 쇼핑몰이 있는 것도 아니고, 주청취舊城區처럼 역사의 흔적이 가득한 고적도 없다. 처음부터 미국식 도시를 표방하여 조성된 거주 지역으로, 타이완에서 흔히 볼 수 있는 치러우騎樓 인도 쪽으로 베란다가 나와 있는 형식의 건물 대신에 이곳에서는 넓은 인도와 시원한 그늘을 제공해주는 가로수가 있는 풍경을 더 많이 만날 수 있다. 카유풋 나무, 보리수, 타이완 모감주나무, 용수나무 등이 있는 거리를 걷노라면 절로 편안하고 여유로워진다.

이 지역은 민성위안환을 중심으로 뻗어 있어서 이곳에 진입하는 버스도 모두 민성위안환으로 모인다. 위안환에서 북쪽으로 가면 푸진제富錦街, 남쪽으로 가면 옌서우제延壽街가 나오는 등 어디로도 쉽게 갈 수 있다. 위안환은 많은 사람이 데이트를 위해, 등교를 위해 반드시 거쳐야 하는 곳이다. 타지에 다녀오는 사람들은 차가 위안환에 닿는 순간 '집에 돌아왔다'는 느낌을 받게 될 정도로 위안환은 이곳 거주민의 마음속에서 쉽게 바꿀 수 없는 정신적인 지표이다.

위안환에서 식사를 해결하고 싶을 때는 먼저 서남쪽으로 가면 인기 많은 장저 음식점이 있고, 큰 건물 사이에 낀 골목으로 들어가면 홍콩 대중음식점인 홍콩다파이당香港大排檔이 있다. 이곳 사장은 타이완에 온 지 이미

20~30년이 된 홍콩 사람이며, 가게의 위치가 몇 번이나 바뀌었다가 현재 위치인 건물 사이의 좁은 골목에 자리 잡은 뒤 홍콩 대중음식점 분위기가 더욱 짙어졌다.

맞은편 골목 안에 있는 얼마乙嘛는 북방 밀가루 요리로 이름이 났다. 다오샤오몐刀削麵과 차오빙炒餅 등을 직접 만들어 판다. 인기 메뉴인 무쉬차오빙木須炒餅은 충유빙蔥有餅을 얇게 밀고 기름에 바싹 볶아 만든 것으로 마늘 향이 맛있게 퍼져 나온다. 그 외에도 라자오샤오위간辣椒小魚乾 등 가정식 반찬도 다양하고 저렴하게 만나볼 수 있어서 저녁이 되면 주민들이 찾아와 포장해가는 경우가 많다. 가정집 주방을 옮겨놓은 것 같은 곳이다.

모퉁이를 돌아 신중제新中街에 이르면 차오차오다이저쩌우巧巧帶走餐店가 보인다. 아담한 외관에 맛있는 냄새를 사방으로 풍기는 테이크아웃 전문 식당이다. 이 지역 토박이인 주방장 차오차오는 프랑스에서 3년간 요리를 배우고 돌아와 자기에게 가장 친숙한 공간에서 가게를 열었다. 매주 바뀌는 메뉴 덕분에 다양한 프랑스식 가정 요리를 맛볼 수 있다. 집에서 요리하기 귀찮은 주부들은 점심 때 이곳에 와서 키슈를 사가기도 하고 돼지고기 찜이나 생선구이를 주문해가기도 한다. 근처 회사에 다니는 직원들도 이곳에서 음식을 포장해 점심식사를 대신하기도 한다. 이 지역의 '엄마의 주방'이라고 할 수 있는 곳이다. 차오차오에게는 친숙한 환경에서 일할 수 있다는 것

이 하나의 행복이다. 또한 가족들과도 시간을
보내야 해서 저녁이 되면 바로 가게 문을 닫는
다. 대다수 직장인들과 마찬가지로 일과 가정
의 균형을 유지하는 것이다.

일상의 여유가 느껴지는 곳

위안환 남쪽에 있는 옌서우제延壽街는 이 구역
내에서도 상당히 조용한 거리이다. 고양이들은
사람을 두려워하지 않고 거리를 활보한다. 몇 년
전에 러러카페樂樂咖啡가 이곳에 문을 연 뒤에는
유행에 맞춰 차려입은 남녀들이 산책을 하다 들
르는 곳이 되었다. 최근에는 생활 잡화와 한국
과 일본 스타일의 아동복을 함께 파는 카페가
생겨나 소박한 스타일로 이 고요한 거리에 동참
했다. 샤오바오小寶의 가게는 원래 사람들이 활
발히 오가던 둥취에 자리하고 있었고, 손님들
도 경제력이 있는 직장인 여성이 대부분이었다.
하지만 샤오바오가 젊은 시절부터 꿈꾸던 가게
는 엄마가 아이의 손을 잡고 찾아와 커피와 음
료를 마시며 담소를 나누다가 필요한 일상용품
을 골라가는 그런 모습이었다. 낮에는 일을 하
고 저녁에는 휴식을 취하는, 느리면서도 여유
로운 삶을 꿈꾸었던 그녀는 삶의 느낌이 가장
강한 민성서취에서 그녀의 꿈을 이루고자 샤오
차이스小菜藉를 열었다. 지금은 손님들 대부분이
알뜰살뜰한 주부들이지만 아이를 데리고 카페
에 와서 즐거운 시간을 보내는
모습을 보거나 엄마의 삶을
서로 나누기도 하면서 일
이 더욱 즐거워졌다. 휴일

이 되면 그녀의 딸이 와서 든든하게 일도 도와주고, 가게를 찾은 꼬마 친구들과 놀아주기도 한다. 위안환 북쪽에 있는 푸진제富錦街는 양쪽으로 보리수나무가 무성하게 우거진 녹색 거리이다. 겨울에는 낙엽이 지고 여름에는 초록이 울창해 사계절의 시적인 정취가 가득하다. 낭만적인 장면을 찾는 감독들이 이곳을 배경으로 촬영을 하면서 작업실과 스튜디오도 이곳으로 모여들기 시작했다. 그에 따라 카페와 식당도 뒤를 이어 하나둘 생겨났다. 삶을 더욱 풍요롭게 해주는 가정용 장식품 가게와 꽃 가게 등도 있어 푸진제는 실용적이면서도 낭만적인 분위기가 가득한 독특한 구역이 되었다.

Memo

두얼 카페는 영화 〈타이베이 스토리〉의 주인공 두얼이 영화에서 운영하던 카페로 영화가 끝나고 그 촬영 현장은 진짜 카페가 되었다.

하구샤오관(哈吉小館)은 일반 가격대의 프랑스 시골 요리를 내놓는 인기 레스토랑이다. 타이완 현지 식재료로 남프랑스풍의 음식들을 선보인다.

민성서취 가는 법
중산궈중(中山國中) 역까지 전철을 타고 와서, 527번 버스로 갈아타고 광허신춘(廣合新村) 역까지 간다.

❶ 훙콩다파이당(香港大排檔)

주소 : 싼민루(三民路) 113항 22호
전화 : (02)2767-0161
영업시간 : 오전 11시~오후 2시, 오후 5시~9시
　　　　　　(월요일 휴무)

❷ 얼마다오샤오몐(二馬刀削麵)

주소 : 민성둥루(民生東路) 5단 137항 2-1호
전화 : (02)2761-8799
영업시간 : 오전 11시~오후 2시,
　　　　　　오후 5시~8시 반(일요일 휴무)

❸ 차오차오다이저쩌우(巧巧帶著走)

주소 : 신중제(新中街) 4항 1호
전화 : (02)2761-1110
영업시간 : 오전 11시 반~오후 4시(월요일 휴무)

❹ 샤오차스(小茶匙)

주소 : 옌서우제(延壽街) 82호
전화 : 0953-881477
영업시간 : 오전 11시~오후 7시

❺ 두얼카페(朶兒咖啡館)

주소 : 푸진제(福錦街) 393호
전화 : (02)8787-2425
영업시간 : 오전 10시~오후 9시

❻ 하구샤오관(哈古小館)

주소 : 푸진제 469호
전화 : (02)2767-8483
영업시간 : 오전 11시 반~오후 2시 반,
　　　　　　오후 5시 반~9시 반 (주말에는 오전 9시 개장,
　　　　　　매주 월요일과 매월 첫 화요일은 휴무)

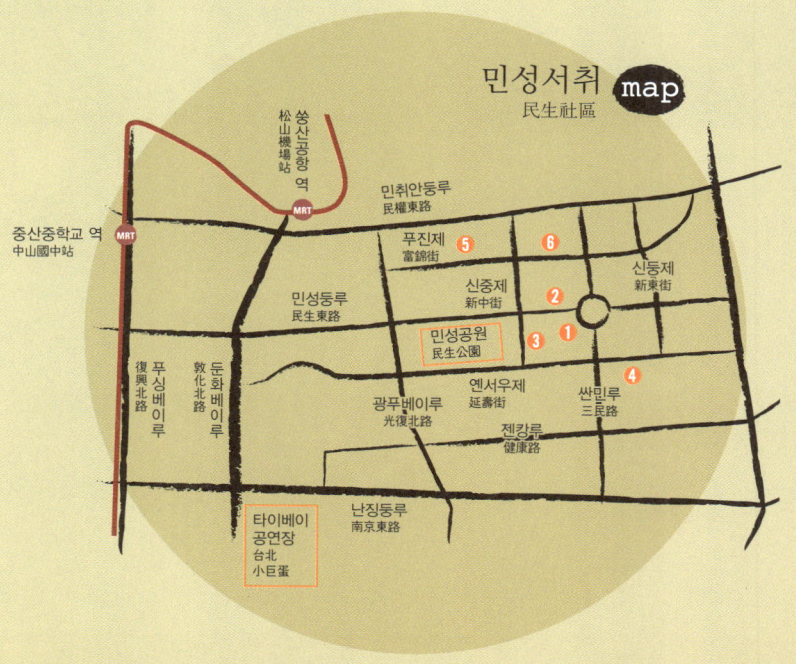

민성서취 map
民生社區

마오쿵
猫空

24 차향 속에서
근심을 잊기를

MRT 동물원動物園 역
마오쿵케이블카猫空纜車

MaoKong

마오쿵이라는 지명은 처음 들으면 조금 괴상한 느낌이 들기도 한다. 산책로를 따라 다캉지大坑溪 상류로 가보면 계곡 바닥에 울퉁불퉁한 구멍이 있는 걸 볼 수 있는데, 민남어로 울퉁불퉁하다는 뜻의 단어 '皺坑'의 독음인 '마오쿵'이 이름으로 굳어진 것이다. 마오쿵은 일찍부터 차를 생산해왔는데, 톄관인鐵觀音은 현지의 특색 있는 차이며, 산세에 따라 개간된 차밭은 이곳의 볼거리 중 하나이다. 여행객이 늘어나면서 현지 가게들도 단순히 찻잎만 파는 곳이 아닌 차를 즐길 수 있는 다예관茶藝館으로 바뀌고 있다. 어떤 곳은 지방 특색을 살려 찻잎이 들어간 음식을 만들기도 한다.

2007년 여름, 차향 가득한 이 산에 새로운 관광의 역군 '마오쿵케이블카'가 등장했다. 이는 현재 타이완에서 가장 길고 이용료도 가장 저렴한 케이블카이다. 산세의 기복에 따라 서서히 올라갔다가 빠르게 내려오는 케이블카에서 바라보는 주변 풍경은 고즈넉하고 평온하기만 하다. 고개를 들어 멀리 내다보면 관인산觀音山과 타이베이분지台北盆地와 드문드문 높은 건물이 눈에 들어온다. 산 아래쪽을 보면, 나무가 층을 이루며 자라고 있는 타이완의 모습을 공중에서 감상할 수 있어서 이 또한 다른 곳에서는 쉽게 맛보지 못할 정취이다.

차산에서 차를 맛보다, 한서寒舍

마오쿵 일대에는 차를 맛볼 수 있는 가게가 무척 많다. 한서 역시 그중 하나인데 직접 찻잎을 따서 차를 만드는 몇 안 되는 곳 가운데 하나이며, 차 외에 다른 음식은 제공하지 않는다.

4월 20일 곡우가 되면 한서는 봄 차를 따는 계절을 맞아 제다실 안이 온통 찻잎 덖는 향으로 가득 찬다. 연말이 되어 입동이 지나면 온 가족이 동원되어 겨울 차를 딴다. 이렇게 증조부 시절부터 오늘날까지 다실을 꾸려오고 있다. 차밭에 자리 잡은 찻집은 별다른 인테리어 없이 깔끔하고 소박하다. 대부분의 자리가 야외에 마련되어 있어 자연 가까이에서 차를 음미할 수 있다. 여름밤에는 반딧불이가 날아다니고 개구리가 운다. 한서에서 만날 수 있는 차 종류로는 바오중包種, 진쉬안金萱, 둥팡메이런東方美人, 추이위翠玉 등이 있다. 시끄러운 곳 대신 조용히 차를 마시고 담소를 나누고 싶어하는 사람들이 특히 이곳을 즐겨 찾는다.

차 요리집, 쓰거더뎬四哥的店 과 다차후大茶壺

차를 음미하는 것 외에도 풍성한 차 요리를 즐기며 경치를 감상하고 싶다면 추천할 만한 가게가 몇 곳 있다.

쓰거더뎬은 이 집의 넷째 아들이 가게를 운영하고, 마오쿵에서 요리와 제다 고수로 알려져 있는 다섯째가 식자재를 공급한다. 믿을 수 있는 재료에 안주인의 뛰어난 손맛이 더해진 뤼차몐셴綠茶麵線, 녹차 국수, 차예차오판茶葉炒飯, 찻잎 볶음밥, 자차예炸茶葉, 찻잎 튀김, 차젠단茶煎蛋, 차 부침개 등 다양한 요리들을 맛볼 수 있다. 주인은 열정적으로 손님을 맞아줄 뿐만 아니라 시간

이 있으면 손금이나 운세를 봐주기도 한다. 덕분에 이곳은 늘 화기애애한 분위기가 끊이질 않는다.

쓰거더뎬보다 몇 년 늦게 생긴 다차후차레스토랑大茶壺茶餐廳도 역시 20년 동안 자리를 지켜온 가게이다. 3대 운영자는 오랫동안 요리사로 일한 경험을 살려 식자재와 음식 맛에 만전을 기하고 있다. 옌차쉰지투이醃茶勳雞腿, 차먼더우푸茶燜豆腐, 차샹궈마오茶香過貓 모두 이곳에서 자신 있게 선보이는 요리다. 녹차, 고구마, 흑설탕, 홍국紅麴, 대나무 숯 등 다양한 맛의 만터우가 있으며 테이블마다 손수 만든 케이크를 함께 내준다. 식감이 뛰어난 이 케이크는 꼭 한번 먹어볼 만하다.

차를 알고 차를 이해하기,
우톄차다오烏鐵茶道

마오쿵 차산에는 차와 새에 푹 빠진 사람이 있다. 그가 문을 연 공간에서는 차를 팔지는 않고 그저 차를 권하고 차에 대한 이야기를 한다. 어려서부터 산속에서 자라온 저우 선생은 차 문화 연구에 이미 30년 넘는 세월

을 바쳤다. 차 농장을 운영하고 품차사品茶師, 찻잎의 등급을 매기는 전문가 자격이 있을 뿐만 아니라 찻잎 자체를 주제로 하여 차의 예술 창작 활동에 종사하고 있다. 직접 개발한 기술로 만들어낸 찻잎은 백 년 이상 보관할 수 있다. 달빛 아래 찻잎을 채집하는 이미지를 결합하여 만든 '웨광차月光茶'는 차를 마시면 밤에 잠을 이루지 못하는 어머니를 위해 만든 무카페인 차이기도 하다. 저우 선생은 '다인茶人'이라는 별칭 외에 '조인鳥人'으로도 불린다. 찻잎을 따서 입에 대고 불면 새소리가 나는데, 이것으로 숲속의 화미조, 동박새, 자고새, 매와 소통을 시도한다.

Memo

마오쿵에 오면 한 가지 재미난 현상을 발견할 수 있다. 이 집 사장도 장씨. 저 집 카페 사장도 장씨……
차산의 거의 모든 사람이 장씨다. 원래는 200여년 전 취안저우(泉州)에서 장씨 선조가 바다를 건너
타이완에 왔기 때문이라고 한다. 그런 이유로 이곳에는 장씨 성을 가진 사람들로 가득하다.

자사호紫砂壺의 위엄, 찻주전자박물관

박물관을 관람할 때 전문 가이드가 함께 다니며 설명을 해주지 않을 경우에는 수박 겉
핥기식으로 보고 나오는 경우가 많다. 이싱宜興에는 자사호중국의 전통 찻주전자를 주제로
하는 찻주전자 박물관이 있는데, 매시 정각과 30분

에 해설가가 자사호의 역사와 작품 감상 포인트에 대
해 상세하게 설명해준다. 자사호는 다음 세 가지 이유
에서 진귀하다고 인정받는다. 하나는 만드는 흙 재료
인 자사니紫砂泥의 색이 다양해서 그만큼 자사호의 변
화가 풍부하다는 것이고, 또 다른 하나는 내열성이 강
하고 보온 효과가 무척 뛰어나다는 점, 마지막으로는
모든 자사호 표면에는 숨을 쉴 수 있는 미세한 구멍이
있다는 점이다. 이 미세 구멍 덕분에 자사호는 오래되
면 오래될수록 자연적인 광택이 더해진다.

종교성지, 즈난궁指南宮

청조 때 지어진 즈난궁 역시 한번 들러볼 만한 곳이다. '셴궁묘仙公廟'라고도 불리는 즈난
궁은 팔선八仙 중에서 여동빈呂洞賓을 주로 모시며, 타이완의 저명한 도교 성지이기도 하
다. 뒷산에는 공자, 맹자, 증자 그리고 요순 삼관 대제를 모시는 대성전大成殿과 기세가
웅장한 대웅보전大雄寶殿도 있다. 천장이 둥근 황금색 건축물은 주로 태국에서 온 부처
를 모신다. 이런 까닭으로 즈난궁은 유·불·도교가 결합된 종교 성지가 되었다.

마오쿵 가는 법

케이블카를 타고 마오쿵에 도착한 후, 도보나 셔틀버스를 타고 각 지점에 갈 수 있다.
케이블카 운행 시간은 오전 9시부터 오후 10시까지이다. (휴일에는 오전 8시부터)

---

❶ 한서(寒舍)

주소 : 즈난루(指南路) 3단 40항 6호
전화 : (02)2938-4934
영업시간 : 오전 9시~새벽 3시
　　　　　 (휴일엔 24시간 영업)

❷ 쓰거더뎬(四哥的店)

주소 : 즈난루 3단 38항 33-1호
전화 : (02)2939-2832
영업시간 : 오전 11시 반~오후 8시
특이사항 : 현장에서 바로 만들어주는 개인 정식이 있다.
　　　　　 피크타임만 피하면 오래 기다리지 않아도 된다.

❸ 다차후차레스토랑(大茶壺茶餐廳)

주소 : 즈난루 3단 38항 37-1호 1층
전화 : (02)2939-5615
영업시간 : 오전 10시~오후 10시

❹ 우테차다오(烏鐵茶道)

주소 : 즈난루 3단 38항 25호
전화 : (02)2936-1479
특이사항 : 방문 전날 전화 예약 필수

❺ 싼둔스차후박물관(三墩石茶壺博物館)

주소 : 즈난루 3단 34항 36호
전화 : (02)2938-3797
영업시간 : 오전 10시~오후 6시(월요일 휴무)
입장료 : 일반표 100위안, 우대권 70위안

❻ 마오쿵케이블카(貓空纜車)

전화 : (02)2181-2345
영업시간 : 오전 9시~오후 10시
　　　　　 (휴일 오전 8시 반 개장, 월요일 휴무)
입장료 : 한 정거장 30위안, 두 정거장 40위안,
　　　　　 세 정거장 50위안
홈페이지 : www.trtc.com.tw
특이사항 : 케이블카 노선 길이는 4km로
　　　　　 편도 17분 정도 걸린다.

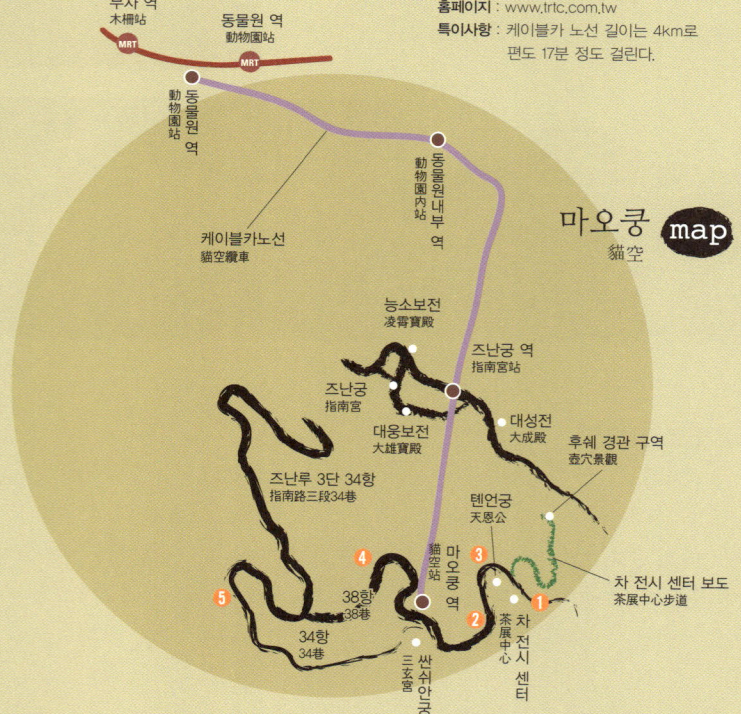

近郊旅行
근교여행

Taipei Trip

Jiou Fen

주펀이 가장 아름다운 때는 하루 중 저녁 무렵과 막 밤이 시작될 때이고 1년 중에서는 봄 경치와 여름밤이며 가을과 겨울에는 비가 흩뿌릴 때다. 2월이 되면 주펀 일대에 자주 안개가 껴서 저지대에서 볼 수 있는 구름바다의 장관이 연출된다. 여름철 저녁 무렵에 선아오항深澳港 쪽을 바라보면 바다 위로 어선들이 하나둘 자리 잡기 시작하고, 바다색이 짙은 남색에서 칠흑으로 변하면 어선이 서서히 백열등을 밝히며 고기잡이에 나서는 모습이 펼쳐진다.

현지인이 들려주는 20년 전 주펀의 모습을 들어보자.

"그 시절의 주펀은 거의 노인과 아이들, 강아지밖에 없었어요. 저녁 7,8시가 넘어 뭘 사러 가게에 가면 이미 닫힌 문을 두드려야 했지요. 그 시절 중 가장 그리운 건 여름밤에 마당에 앉아서 듣던 어르신들의 손풍금과 퉁소 연주 소리예요. 그리고 또 여름 한낮에 검은 기와지붕의 방수지에서 풍겨져 나오던 역청 냄새도 그립지요. 지금의 주펀은 관광객들로 북적거리는데 현지 주민들은 오히려 조용한 생활과 소박한 환경을 잃어버린 셈이에요."

산간 도시의 작은 골목 산책

주편의 도로명은 모두 그 뜻을 알기 쉽게 지어져 있다. 주편에 오면 지산基山 옛 거리에서 먹고 쇼핑하는 것 외에도, 계단으로 연결된 작은 골목들을 걷는 재미도 느낄 수 있다.

• 지산제基山街, 치처루汽車路

지산제는 '안제짜이暗街仔' '주다오舊道'라고도 불린다. 금광이 한창 성업을 이루던 시기에 금을 채굴하러 몰려온 사람들은 일상용품을 모두 이 거리에서 구했다. 당시에는 포목점, 금은방, 전당포, 양복점, 이발소 등이 죽 이어져 있었으나, 지금은 특산품 가게와 음식점만이 빼곡하게 모여 있다. 치처루는 '신다오新道'라고도 불리며 주편에서 외부와 통하는 가장 중요한 도로로 꼽힌다.

• 칭볜루輕便路

지산제와 나란히 나 있는 칭볜루는 옛날에는 광석차가 달리던 간이철도였기 때문에, 기복이 약간 있기는 해도 길이 평탄한 편이다. 칭볜루에는 일제강점기에 금광을 채굴하던 우판갱五番坑이 있는데, 주편에 있는 갱도 중에서 가장 가까이 다가가 구경할 수 있는 곳이다. 갱 입구에 서면 시원한 바람이 느껴질 뿐만 아니라 새소리를 닮은 개구리 소리도 들린다.

• 수치루竪崎路

수치루는 기산제와 수직으로 놓여 있다. 수치루의 가파른 돌계단과 찻집 바깥에 높이 내걸린 홍등은 애니메이션 영화감독 미야자키 하야오의 창작 세계에 큰 영감을 주

1. 일반 갱도는 대부분 180센티미터 높이다. 광맥에 따라 높낮이가 다르다.
2. 칭볜루의 또 하나 볼거리인 '성핑극장(昇平戲院)'은 허우샤오셴 감독의 영화 《비정성시》의 촬영 장소로, 붉은 벽돌로 가득한 옆문은 주편 사람들에게 어릴 적 추억의 장소이다. 영화가 끝나기 10분 전이 되면, 동네 개구쟁이들은 이 옆문으로 들어가 영화의 끝 대목을 보곤 했다.

기도 했다. '위짜이판수차팡^{芋仔蕃薯茶坊}' 표지를 따라가면 주펀에서 쉽게 만날 수 있는 '촨우샹^{穿屋巷}' 경관을 통과하게 된다. 주펀은 지세 낙차가 크고 평지가 거의 없기 때문에 주택들이 좁은 골목을 사이에 두고 2층 건물로 연결되어 있다. 촨우샹을 통과하면 지산제에 있는 스씨네 대저택^{施家大宅}에 도착한다. 사금 채집이 한창이던 시절에 스씨네 저택은 주펀에 있는 건물 중에서 가장 높고 가장 비싼 민박집이었다. 지금은 3대 경영자가 찻집과 민박을 겸해 운영하고 있다.

• 포탕샹^{佛堂巷}

포탕샹 일대에는 현지의 특색을 가장 잘 간직한 집들이 보존되어 있다. 옛 주민들은 빗물이 새는 것을 막기 위해 집집마다 지붕에 검은 역청을 먹인 방수지를 덮었기 때문에 늘 독특한 역청 냄새가 떠돌았다.

일반 서민이 사는 집의 담(오른쪽)과
부유한 사람들이 사는 집의 담(왼쪽)이 다르다.

지산라오제基山老街에서 먹고 쇼핑하기

• 위완보짜이魚丸伯仔

주펀은 바다에서 가깝기 때문에 동그란 어묵인 위완을 파는 가게들이 무척 많다. 원래 지룽基隆에서 멜대와 손수레로 장사를 했던 위완보짜이는 어장魚醬을 만들거나 사위완鯊魚丸을 만드는 일 모두 직접 해오고 있다. 저렴한 가격에 맛있는 위완을 만나볼 수 있는 곳이다.

• 주진뎬九金店

뒤늦게 식당을 시작한 젊은 부부가 운영하는 가게지만, 부부가 만들어내는 간식들은 여느 오랜 가게들 못지않게 맛있다. 6년 전에 고향으로 돌아와 할아버지의 철물점이 있던 자리에 가게를 열었다. 전통적인 펑차오가오蜂巢糕에 새롭게 헤이탕마수黑糖麻糬를 끼워넣어 벌꿀 맛과 흑설탕 맛이 진하게 퍼진다.

• 유쥐첸유충궈郵局前油蔥粿

주펀초등학교 교사와 지룽 터미널 역장을 역임한 웡씨가 우체국 앞에서 유충궈를 판 지 20년이 지났다. 전통적인 유충궈는 조미를 한 짜이라이미장在來米漿을 표면에 발라 얇은 막이 생기도록 찐 다음, 파를 볶아 향을 낸 기름을 바른다. 이렇게 십여 차례를 반복한 뒤 마지막으로 다섯 시간 동안 찌고 유충쑤油蔥酥를 뿌리면 맛있는 유충궈가 탄생한다.

• 하오메이웨이豪美味

손님들이 길게 줄을 늘어선 아란阿蘭의 대각선 맞은편에 있는 하오메이웨이도 차오짜이궈草仔粿와 위궈芋粿를 팔고 있다. 음식을 만드는 모든 단계에서 자연의 맛을 고수하며 방부제를 섞지 않아 현지인들에게도 많은 사랑을 받고 있다.

• 란샹팡^{蘭香坊}

이란의 천터우산^{枕頭山}에서는 란샹팡 주인 일가가 심은 금귤과 빨간 구아바가 이미 몇 세대에 걸쳐 수확되고 있다. 직접 수확한 과일들로 만든 금귤 주스와 구아바 주스는 그 신선한 재료 덕분에 향기와 맛이 진해 늘 손님이 끊이지 않는다.

만화 속 초현실 목욕탕, 아메이차주관^{阿妹茶酒館}

언젠가 주펀으로 여행을 왔던 미야자키 하야오는 아메이차주관 안에 일본 노^能의 가면이 걸려 있는 것을 보고 애니메이션 영화 〈센과 치히로의 행방불명〉 중 얼굴 없는 귀신과 목욕탕 할멈 유바바 캐릭터를 구상하게 됐다. 또한 돌계단 옆에 자리한 차주관의 밤 풍경을 보고 영화 속 신비한 목욕탕의 이미지를 만들어냈다. 아메이차주관은 주펀 일대에서 일본 관광객들이 가장 많이 찾는 가게이다. 꽃차로 만든 차빙^{茶餅}은 찻잎의 떫은맛을 없애고 차의 향기만을 살려두었으며, 입맛이 깔끔한 위나이쥐안^{芋奶捲}은 원래 돼지기름으로 만드는 이란위짜오^{宜蘭芋棗}를 개량해 만든 메뉴이다. 이밖에도 신선한 우유로 만든 쉬에화가오^{雪花糕}, 팥이나 매실 잼이 들어 있는 쉬에빙^{雪餅} 등도 맛볼 수 있다. 메뉴만 봐도 일본 관광객들에게 사랑받는 이유를 짐작할 수 있다.

고택에 어우러진 예술, 주펀차팡九份茶坊

주펀차팡은 우아하고 예술적인 느낌이 강하면서도 소박한 분위기를 풍긴다. 금광 주인이었던 웡산잉翁山英 선생이 살았던 고택으로, 예술가 훙즈텅洪志騰 선생의 진두지휘 아래 역사와 현대를 알맞게 결합시켜 지금의 모습이 되었다. 커다란 천창을 내서 오래된 건물에 따스한 자연광이 가득 들어올 수 있도록 하고, 가파르고 좁은 계단을 넓히고 이중 계단으로 바꾸어 고객들이 더 안전하게 다닐 수 있도록 신경 썼다. 생동감이 느껴지도록 건물 안에 초록 식물을 심고 벽돌로 연못도 만들었다. 여러 해 동안 모아온 골동품은 건물에 역사적인 색채를 입혀준다.

주펀차팡 바로 곁에는 도자기 공방과 주펀예술관九份藝術館이 있다. 직접 도자기를 빚어볼 수도 있고 관람만도 가능하다.

Memo

홍선생과 일본인 아내 요시무라 씨가 만나게 된 과정이 흥미롭다. 배낭여행을 좋아하던 아내는 원래 단수이를 가려고 떠났는데 우여곡절 끝에 주펀까지 오게 되었고, 거기서 홍선생을 알게 되었다고 한다. 그녀는 그때 자신이 전생에 유랑하길 좋아하는 고양이었고 길을 잃어 현세에서 주인을 찾은 것 같다고 느꼈다 한다. 그래서 그녀는 이곳에 고양이 등을 만들게 되었다. 그녀가 만든 고양이 등은 모두 통통하고 모양도 재미있다.

진과스金瓜石의 황금기

주편의 매력은 기복을 이루는 산간 도시 안에 있는 인간미 가득한 볼거리들이다. 진과
스로 오면 고산을 오르는 듯이 산세가 험하고 폭포는 황금색으로 쏟아져 내린다. 물은
허니밀크를 섞은 듯하고 그 곁을 따라 난 도로는 뱀처럼 구불구불하다.

진과스에 대한 묘사를 듣노라면 동화 같은 느낌이 난다. 황금폭포黃金瀑布는 타이진주쾅
창台金舊礦場 옆에 위치하고 있다. 옛날에 계곡물 상류에서 구리 광석을 채집했는데, 세
월이 흐르면서 이 산에 있는 여섯 개의 갱도와 창런우판갱長仁五番坑에서 흘러나온 물이
이곳으로 모여들어 계곡 바닥과 계곡물 모두 황금색을 띠게 되었다. 빈하이궁루濱海公路
수이난둥水湳洞 옆에 위치하고 있는 인양하이陰陽海 역시 광산과 관련이 있다. 처음에 인
양하이는 타이진궁쓰台金公司의 리러제련소禮樂煉銅廠에서 내보낸 오염물이 만들어낸 것
이라고 알려졌다. 그러나 최근 몇 년
간 연구 결과에 따르면 제련소가 세
워지기 전부터 인양하이는 이미 형
성되어 있었으며 이는 자연이 빚어
낸 특이한 현상이라고 밝혀졌다. 진
과스 광산 구역에 금, 동, 황철광이
다량 함유된 것과 관련 있어 보인다.

빈하이궁루(濱海公路)를 사이에 두고 인양하이(陰陽
海)와 서로 마주보고 있는 스싼청이즈(十三層遺址)는
1933년 타이진궁쓰(台金公司)가 만든 쉬안광정련소
(選礦煉製場)였는데, 제2차 세계대전 당시 폭격을 받아
파괴되었다가 광복 후에 생산을 재개했으나 1985년
문을 닫았다.

옛 광산 마을의 유적을 찾아서

진과스에는 황금박물구역黃金博物園區이 있는데 옛날 금광 채굴의 흔적이 고스란히 보존되어 있다. 여행객들은 황금박물관에 들러 관람을 하거나 이 산에 있는 갱도에서 사금 채취를 체험해볼 수도 있다. 주변에는 타이쯔여관太子賓館과 쾅궁식당礦工食堂도 있고, 일본식 저택을 리모델링하여 만든 생활미학체험방生活美學體驗坊도 있다.

이 구역 근처에 있는 길고 가파른 돌계단을 따라가면 산허리에 자리한 황금신사黃金神社에 도착하게 된다. 이곳에서는 천조대신을 봉양한다. 신사에 도착하기 전에는 먼저 신사 입구에 새운 기둥문인 냐오쥐鳥居와 일본식 공양등인 석등롱石燈籠을 지나게 되며 마지막으로 여러 개의 돌기둥이 늘어선 석좌 제단도 있다.

진과스의 삐죽삐죽한 산세를 느껴보고 싶은 여행객이라면 계단을 따라 우얼차후산無耳茶壺山으로 가보자. 손잡이가 없는 찻주전자는 뾰족한 산세를 형상화한 것이며 이를 통해 반핑산半屛山과 찬광랴오산燦光寮山을 내다볼 수 있어 높은 산에 오른 장엄한 기분이 절로 느껴진다.

주펀 · 진과스 가는 법
열차를 타고 루이팡(瑞芳) 기차역까지 간다. 기차역 앞에서 버스를 타고 주펀, 진과스까지 간다. 혹은 MRT 중샤오푸싱 역(忠孝復興站) 1번 출구 쪽에 있는 푸싱난루(復興南路) 1단 152호 TASTY(西提牛排) 앞 지룽커윈(基隆客運) 1062번 버스(타이베이~진과스 노선)를 탄다. 주펀 라오제 정류장까지 1시간 정도 걸린다.

---

❶ 주펀차팡(九份茶坊)

주소: 신베이시(新北市) 루이팡구(瑞芳區) 지산제(基山街) 142호
전화: (02)2496-9056
영업시간: 오전 9시~오후 8시
　　　　　　(토요일은 자정까지, 일요일은 오후 9시까지,
　　　　　　계절에 따라 약간씩 변동 있음)

❷ 아메이차주관(阿妹茶酒館)

주소: 신베이시 루이팡구 스샤항(市下巷) 20호
전화: (02)2496-0833
영업시간: 오전 9시~새벽 4시(휴일은 오전 6시까지)

❸ 황금박물구역(黃金博物館園區)

주소: 신베이시 루이팡구 진광루 8호
전화: (02)2496-2800
영업시간: 오전 9시 반~오후 5시(휴일은 오후 6시까지, 월요일 휴무)
입장료: 일반 100위안, 우대권 70위안 (사금 채취나
　　　　　　갱도 체험은 별도의 표를 구매해야 한다)

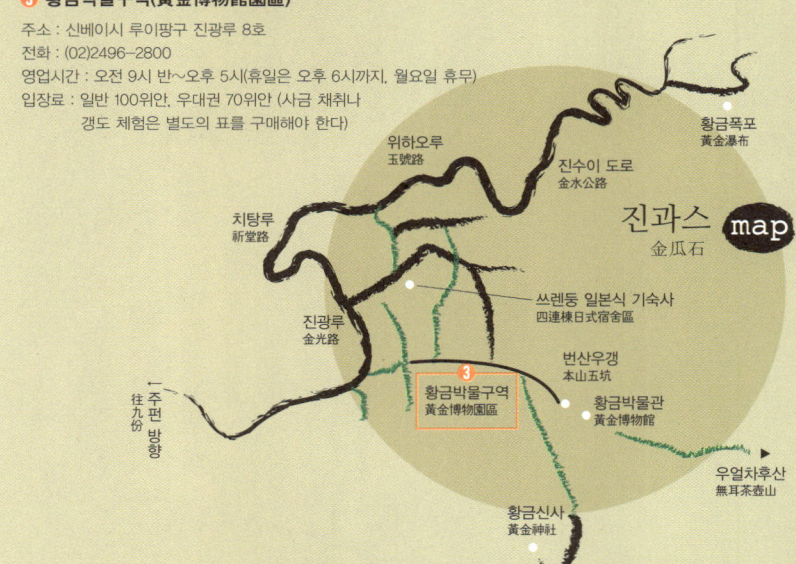

핑시선
平溪線

26 철로에 이끌려 걷다

Train
핑시平溪 역
징통菁桐 역

Ping Shi

타이완 철도에는 세 개의 지선이 있다. 신주新竹의 네이완선內灣線, 난터우南投 푸리埔里의 지지선集集線, 마지막으로 당시 탄광의 석탄을 캐기 위해 만든 핑시선平溪線. 각 철도를 타고 여행하다 보면 철도를 따라 늘어선 라오제옛 거리, 세대를 거쳐 내려온 오래된 가게의 수공예품, 작은 마을의 풍경 등이 모두 여행을 풍부하게 만들어주는 요소다. 하지만 그저 열차에 몸을 싣기만 해도 칙칙폭폭 소리를 내는 철로의 기억, 여름철 작은 정류장에 울리던 매미 소리, 검표원의 "차표 검사하겠습니다"라는 말 한 마디조차 여행의 흥취와 목적 그 자체가 된다.

🚃 조용한 시골 풍경, 핑시 역

스티븐 킹의 소설을 원작으로 1986년에 만들어진 영화 〈스탠 바이 미〉. 그 영화 속에는 남자 아이 넷이 시체를 찾기 위해 모험을 떠나는데, 양옆에 난간이 없는 긴 공중 철로를 건너는 장면이 나온다. 하지만 다리를 다 건너오지 못한 상황에서, 저 멀리서 기차가 달려온다. 이 영화는 미국 오리건 주를 배경으로 한 옛 영화이지만, 핑시에 오면 조용한 마을 풍경과 집, 철도 등이 이 영화의 한 장면을 새록새록 떠올리게 한다.

라오제^{老街}의 작은 가게와 먹을거리

정월 대보름이 되면 남쪽에서는 폭죽놀이를 하고, 북쪽에서는 천등^{天燈}을 날린다. 핑시의 천등은 그 유래 덕분에 더 명성이 높다. 원래는 도적떼들이 창궐해 난리를 피우면 마을 주민들이 잠시 산속으로 피신했다가 도적떼가 떠나면, 마을을 지키던 장정들이 천등으로 신호를 보내 마을 주민들에게 집으로 돌아오라고 알렸던 것이다. 지금은 평안과 복을 비는 지방 풍속으로 천등의 의미가 확장되었다.

핑시에 오면 천등을 날리는 것 말고도 라오제의 가게들을 둘러볼 만하다. 문을 연 지 반세기가 넘은 메이윈부이작업실^{美雲布藝工作室}의 린씨 아주머니는 타이완 고유의 느낌이 있는 붉은 꽃 천, 홍화부^{紅花布}를 골라 푸저우 사부에게 배운 기술로 고객들을 위한 맞춤옷을 만들고

있다. 천을 가다듬고, 꽃을 고르고, 다시 천을 대고, 연결하는 등 여러 단계를 거치는데 십여 장의 천이 필요하고, 그 손기술은 매우 정교

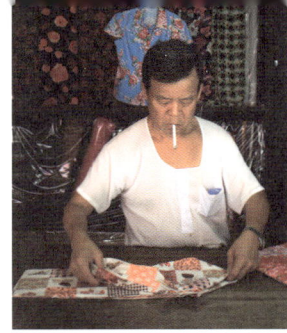

린씨 아주머니가 말하길 위안둥방즈(遠東紡織)
이 생산하는 훔화부는 '타이완화부(台灣花布)'
라고 불리기도 하는데, 색이 잘 바래지 않고
보물이 생기지 않으며 겨울에는 따뜻하고
여름에는 시원하다는 특색을 가지고 있다.
전통의 멋을 가진 것은 물론, 내구성도 높다.

하고 섬세하다. 한 장 한 장 천의 꽃 모양을 잘 배치해 낭비되는 천이 없도록 한다. 단연
결과물은 기계가 만든 것보다 좋다.

라오제에는 가정식의 전통적인 가게들이 몇 군데 있는데, 안에 들어가 보면 옛 느낌 가
득한 간식, 장난감, 사탕과 과자 등이 다양하다. 핑시향鄕은 타이베이에서 유일하게 편
의점이 없는 지역이었는데, 2013년 7월 핑시향에도 편의점이 문을 열었다고 한다. 이렇
듯 현대적인 색채가 적었던 덕분에 옛 시절의 느낌 가득한 정감 어린 잡화점들이 오랜
시간 유지될 수 있을 것이다. 라오제의 전통 음식점 중에 대를 이어 운영하고 있는 홍구
이몐뎬紅龜麵店이 있다. 한 그릇 먹으면 몸이 후끈 달아오르는 탕몐湯麵과 간반몐乾拌麵,
여러 가닥으로 자른 돼지 입 고기嘴邊肉, 토시살肝連, 루다창滷大腸 등은 현지 사람들이
40여 년간 먹어온 지방 고유의 맛이다. 식사 후에 달콤한 디저트가 먹고 싶다면 휴일에
만 문을 여는 핑시산취안더우화平溪山泉豆花를 권한다.

탄광 마을 시절의 흔적

"석유가 있는 곳에는 반드시 전쟁이 있다." 제2차 세계대전 시기에는 석탄이 중요한 자원이었다. 그로 인해 석탄이 많이 나던 핑시는 고통스러운 전쟁을 겪어야 했다. 현존하는 방공 동굴은 일제강점기에 마을 주민들이 미군의 공습을 피해 만든 것이다. 산비탈에 있는 보초를 서는 정자瞥哨亭와 핑안종平安鐘도 일본 사람들이 미군 비행기의 동태를 살피기 위해 지은 것이다. 이 두 곳은 핑시가 지나온 세월을 보여준다. 이외에 관인옌觀音嚴 옆에 있는 깊은 동굴 바셴둥八仙洞은 1983년에 관광지로 추진되어 생긴 것으로, 전쟁과는 무관하다.

Memo

타이완 사람이라면 "장쥔야 꼬마 아가씨는 엄마가 끓여주는 맛있는 라면을 먹으러 서둘러 집으로 돌아갑니다"라는 TV 광고의 장면이 그다지 낯설지 않을 것이다. 이 광고가 바로 핑시라오제에서 촬영된 것이다. 타이완 감독들은 핑시를 무척 좋아하는 것 같다. 취재 당일에도 거리에서 촬영 중인 전자 제품 시리즈 광고 팀을 만났다.

징퉁萬桐 역과 탄광이 있던 시절

징퉁은 핑시선의 종착역이다. 핑시를 둘러보고 징퉁까지 산책하면, 작은 마을의 분위기를 물씬 느낄 수 있어 좋다. 징퉁 역의 나이는 벌써 일흔 살이 넘었다. 일본 민가를 본떠 만든 목조 기차역으로, 길게 뻗은 철로와 인근 주택들 사이를 가르는 울타리나 담이 없어 더 특별한 풍경을 보여준다.

징퉁의 관광 포인트들은 대부분 옛날의 탄광 산업과 관련이 있다. 타이양궁쓰台陽公司가 석탄을 캐기 위해 팠던 갱도, 석탄을 선별하고 씻던 장소, 직원들에게 제공하던 기숙사와 클럽 등은 이제 모두 카페나 민박집으로 바뀌어, 이곳 역시 상업적인 분위기를 물씬 풍긴다.

타이완 철도원 기숙사를 개조해 만든 광업생활관(礦業生活館). 인문적 관점에서 광업 개발의 이야기를 들려준다.

라오제에서 찾은 맛과 운치

탄광이 호황을 누리던 시절 양자楊家는 이곳에 국수 가게
를 열었고, 나중에는 타이완 사람들이 즐겨먹는 전통 음
식 중 하나인 지쥐안鶏捲을 함께 파는 잡화점으로 바뀌었
다. 이것이 지금의 양자지쥐안楊家鶏捲이다. 지쥐안은 사실
닭고기와는 전혀 관련이 없는 음식이다. 지쥐안이라는

이름은 유사한 발음의 민남어에서 유래한 것으로 남은 채소를 동그랗게 만다는 의미이
다. 예전에는 냉장고가 없어서 사람들은 집에 있는 돼지고기, 토란, 양파, 당근 등 남은
채소를 두부 피에 싸두었다. 양자는 징퉁 일대에서 이 요리를 제일 먼저 만든 가게이다.
바삭하게 튀긴 외피와 부드러운 안의 재료까지, 한번 맛보면 어장을 넣어 만든 다른 지
쥐안과는 아주 다르다는 것을 느낄 것이다. 라오제에는 또 한 군데 흥미를 끄는 가게가

있다. 차이린스쿵창이덩창蔡林時空創意燈場인
데, 원래 타이베이에서 민속공예품점, 카페
를 했었다고 한다. 카페 안에는 다른 데서는
보기 힘든 특이한 등 장식이 많은데, 친환경
소재로 다양한 모양의 등을 개발하거나 그림
을 그려 넣기도 한다. 작업실과 창의적인 조
명이 어우러진 이곳은 환상적인 분위기로 가
득하다.

❶ 메이윈부이작업실(美雲布藝工作室)

주소: 신베이시(新北市) 핑시구(平溪區)
　　　 핑시제(平溪街) 37~40호
전화: (02)2495-1255
영업시간: 오전 8시~오후 9시

❷ 훙구이몐뎬(紅龜麵店)

주소: 신베이시 핑시구 궁위안제(公園街) 10호
전화: (02)2495-1286
영업시간: 오전 8시~오후 5시 반(휴일에는 연장하기도)

❸ 양자지쥐안(楊家雞捲)

주소: 신베이시 핑시구 징퉁제(菁桐街) 127호
전화: (02)2495-1056
영업시간: 오전 8시~오후 6시 반
　　　　　 (휴일에는 7~8시까지 연장하기도 한다)

❹ 차이린스쿵창이덩창(蔡霖時空創意燈場)

주소: 신베이시 핑시구 징투리 징퉁제 60-5호
전화: (02)0912-264-476
영업시간: 오후 2시~자정

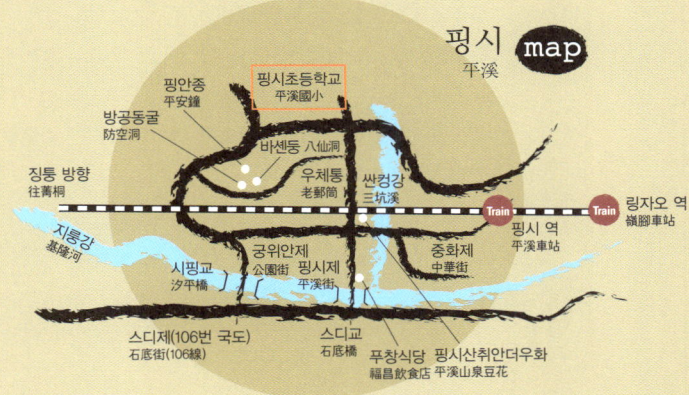

아는 만큼
즐거운
타이베이

1 타이베이 정보

명칭 중화민국中華民國(통상적으로 타이완台湾이라고 부른다)

수도 타이베이台北

주화 NT$(뉴타이완달러, 新台幣) 화폐를 부를 때는 위안이라고 한다. 2014년 5월 기준으로 현재 1타이완달러는 36원이다.

날씨 연중 평균 기온은 22℃로 아열대 기후에 속한다. 6~8월에는 태풍의 영향을 심하게 받는 편이다. 때때로 지진을 느낄 수 있지만 안전한 편이다.

인구 2,300만 명(2013년 기준)

면적 3만6,000평방킬로미터(대한민국 면적의 1/3 크기)

종교 불교·도교·기독교·천주교

언어 만다린어(중국 표준어)·민남어·하카(객가)어·원주민 방언

시차 한국보다 1시간 늦다.

거리 인천→타이베이 약 2시간 30분

　　　 김포→타이베이 약 2시간 10분

　　　 부산→타이베이 약 2시간 20분

전압 110V 전압으로 220V 제품을 사용하려면 멀티탭을 준비해야 한다.

비자 관광 목적으로 방문 시 30일 이하는 비자가 필요 없다. 장기 체류를 원하면 주한 타이베이 대표부에서 비자를 발급받아야한다.

법정 공휴일 1월 1일 원단, 음력 1월 1일~3일 춘절, 2월 28일 평화기념일, 4월 5일 청명절, 음력 5월 5일 단오절, 음력 8월 15일 중추절, 10월 10일 국경일, 쌍십절

영업시간 은행(월~금) 09:00~15:30, 정부기관(월~금) 08:30~17:30, 백화점 11:00~21:30

팁 팁 문화가 발달하지는 않았지만, 일부 호텔이나 레스토랑에서 숙박 요금과 식사비에 10퍼센트 부가세가 나오기도 한다.

문의 타이완 관광청 www.tourtaiwan.or.kr

2 타이완의 교통

공항에서 타이베이 시내로 이동하기

타이완 타오위엔 국제공항에서 타이베이 시내까지는 약 42킬로미터로 공항버스와 택시를 이용할 수 있다. 소요 시간은 약 60분이지만 출퇴근 시간과 주말에는 교통 체증을 빚기도 한다. 공항버스를 이용하는 것이 가장 저렴하고 편리하게 이동하는 방법. 공항 지하 1층 입국 홀 티켓 판매소에서 차표를 구입할 수 있다. (셔틀버스를 운영하는 호텔도 있으니 확인해보는 것이 좋다.) 쑹산공항에서는 MRT 역으로 바로 연결된다.

버스

가장 저렴한 교통수단이지만 노선이 복잡하므로 여행자가 이용하기는 어렵다. 버스를 이용할 때 버스 정류장 기둥마다 노선도가 게시되어 있어 노선 확인이 편리하다.

택시

운임은 처음 1.25킬로미터에 NT$70, 추가 250미터당 NT$5이다. 저녁 11시에서 새벽 6시까지는 NT$20의 할증 요금이 붙는다. 시 외곽이나 장거리 운행 시 미터 요금이 적용되지 않을 수도 있다.

타이완가오톄(臺灣高鐵)

타이완가오톄는 타이완 고속열차의 이름이다. 2007년 개통한 고속열차를 이용하면 타이완의 남북을 편리하게 이동하며 여행할 수 있다. 타이베이에서 가오슝까지 4시간 걸리던 이동 시간이 무려 90분으로 단축됐다. 하루에 남쪽 끝을 찍고 타이베이로 돌아오더라도 무리가 없을 듯하다. 타이베이 출발 첫차는 6시 30분, 막차는 23시이며, 타이난까지 갈 때 티켓 요금은 NT$1,350(일반석)이다.

홈페이지 www.thsrc.com.tw

사진 제공 ⓒ 이원주

지하철(MRT, 捷運)

타이베이를 찾는 여행자들에게 가장 사랑
받는 최고의 대중교통이다. 표는 1회권, 정
기권, 1일 패스가 있으며 1회권은 구입 당일
사용 가능하고, 정기권은 충전해서 계속 사
용할 수 있다. 1일 패스는 요금에 보증금이
포함되어 있어, 다 쓴 뒤 창구에 반납하면 보
증금을 돌려받을 수 있다.

타이완하오싱(好行)

타이완의 구석구석을 찾아 여행하는 자유
여행자들이 더욱 편리하게 여행할 수 있도록
타이완 관광청은 타이완 각지의 기차역이나
고속열차 역에서 주요 관광지까지 셔틀버스
를 운행한다. 홈페이지(www.taiwantrip.
com.tw)에서는 한국어, 영어, 중국어, 일
본어 등 4개 언어를 지원하며, 타이완하오
싱 정류장을 찾아가는 방법, 이용요금 및 시
간, 노선, 티켓 구매처 등을 소개하고 있으
니 참고하자.

운영시간 09:00~17:00
홈페이지 www.taiwantrip.com.tw

투어버스

타이완 관광청에서 운영하는 '투어버스' 상품
으로 북·중·남·동부 30개 노선을 운영하
고 있다. 개별적으로 이동이 어렵거나 중국
어를 잘 모르는 여행자들에게 매우 유용한
상품으로 반일, 1일 상품이 있다. 모든 노선
은 100퍼센트 예약제로 운영되며 전 상품에
는 가이드, 입장료, 보험, 점심 등이 포함되
어 있다. 부분 식사와 입장가 포함되어 있
지 않은 때도 있으므로 사전에 꼼꼼히 살펴
본다.

전화 교통부 관광국 24시간 무료전화
(중·영·일어) 0800-011765
홈페이지 www.taiwantourbus.com.tw

사진 제공 ⓒ 이원주

유유카(悠游卡, Easy Card)

MRT를 주로 이용할 여행자라면 교통카드를 구입하는 것이 단연 경제적이다. 유유카는 타이완에서 쓰는 전자식 교통카드로, 2002년 6월 처음 타이베이 지하철에서 사용되기 시작했고 후에 대북 지역(타이베이 시, 신베이 시, 지룽 시)을 시작으로 큰 시와 현의 버스에서도 쓸 수 있게 되었다. 기차, 버스, 배 등에도 사용 가능하고, 최근에는 체인식 편의점, 슈퍼마켓, 카페, 레스토랑, 영화관, 서점, 주유소 등지에서도 소액 결제가 가능해졌다. 500위안짜리와 200위안짜리가 있다. 보증금 100위안을 제외한, 나머지 금액에서 교통편을 이용할 때마다 차감된다. 각 지하철 역 고객센터나 유유카 표시가 붙어 있는 편의점에서 구입 및 충전할 수 있다. 지하철역에 충전할 수 있는 기계도 설치되어 있다. 타이베이 지하철을 타면 매번 20퍼센트 할인된 금액으로 이용할 수 있으며, 타이베이 지하철과 버스를 이용할 경우 환승 혜택이 있다.

❸ 축제

★ 핑시 천등 축제(平溪燈會)

타이베이에서 차로 약 3시간 30분을 달리면 도착하는 작은 마을 핑시(平溪)에서 열리는 천등 축제는 타이완의 정월 대보름 축제 중 단연코 가장 아름답고 낭만적인 행사라고 할 수 있다. 이름 그대로 등불을 하늘로 띄워 올리는 축제로 별이 박힌 듯 하늘에서 유유자적 유영하며 떠 있는 등불의 모습이 꿈속 풍경처럼 신비롭고 애틋하며 황홀하다. 축제 기간에는 약 4시간 동안 한번에 300개가 넘는 등불을 동시에 올리는 의식을 열두 번 치르는데, 그 모습이 가히 장관이다.

축제 일시 매년 음력 정월
장소 핑시(平溪), 스펀(十分), 징통(菁桐) 역

★ 타이완 등불 축제 (Taiwan Lantern Festival)

정월 대보름이 지나면 타이완 사람들은 등불 축제가 열리는 광장으로 모인다. 타이완의 등불 축제는 매년 그 해에 해당하는 십이지신의 모습으로 만든 거대한 크기의 등불(주등)을 중심으로 동물, 이야기의 주인공, 공룡 등 다양한 주제의 등불이 점등된다. 명나라 때부터 이어온, 2000년이 넘는 역사를 간직한 민족적 축제이자, 가장 '타이완적인' 에너지를 느낄 수 있는 왁자지껄 잔치 한마당이다.

축제 일시 매년 음력 정월 대보름경
장소 매년 다른 도시로 이동한다

❹ 숙소 정보

타이베이 호텔, 호스텔에 관한 정보는 아래와 같은 호텔 예약 사이트를 통해 가격 등 상세한 정보를 얻을 수 있고 바로 예약도 가능하다. 타이베이에는 싸고 깨끗한 호스텔, 게스트하우스가 많다. 스타호스텔, 타이페이 스카이라인, 웨이 타이페이, 패러슈트, 1983호스텔은 한국 배낭객들의 호평을 받는 인기 호스텔, 게스트하우스로 수개월 전에 예약하지 않으면 방이 없을 정도이다.
호스텔이나 게스트하우스는 각자 예약 사이트를 운영하는 곳도 있지만 대부분 아래 호스텔 사이트에서 검색 및 예약이 가능하다.

웹사이트 www.agoda.com
kr.hotels.com
www.hostels.com/ko
www.korean.hostelworld.com

5 기억해두면 좋을 전화번호

외국인 타이완 생활정보 센터
0800-024-111, 886-800-024-111

주타이베이 한국대표부
886-2-2758-8320~8325
taiwan.mofat.go.kr/kor/as/taiwan

타이베이 시 정부 경찰국 외사과 서비스센터
02-2331-3561

주한 타이베이대표부
서울시 종로구 세종로 211 광화문빌딩 6층
02-399-2769

타이완 관광진흥청 서울사무소
서울시 중구 삼각동 115 경기빌딩 804호
02-732-2357~8
www.tourtaiwan.or.kr

꽃보다 타이베이

로컬들이 추천하는 타이베이의 맛과 멋

1판 1쇄 2014년 5월 28일
1판 2쇄 2014년 6월 5일

지은이 | 샹치원화편집부
옮긴이 | 이원주 형소진
펴낸이 | 정민영
기획 | 권한라 형소진 김소영
책임편집 | 박주희
편집 | 형소진
디자인 | 최정윤
마케팅 | 이숙재
제작처 | 미광원색사(인쇄) 한영제책사(제본)

펴낸곳 | (주)아트북스
브랜드 | 앨리스
출판등록 | 2001년 5월 18일 제406−2003−057호
주소 | 413−120 경기도 파주시 회동길 216 2층
대표전화 | 031−955−8888
문의전화 | 031−955−7977(편집부) 031−955−3578(마케팅)
팩스 | 031−955−8855
전자우편 | artbooks21@naver.com
트위터 | @artbooks21
페이스북 | www.facebook.com/artbooks.pub

ISBN 978−89−6196−170−7 13980

이 도서의 국립중앙도서관 출판시도서목록(CIP)은 서지정보유통지원시스템 홈페이지(http://seoji.nl.go.kr)와
국가자료공동목록시스템(http://www.nl.go.kr/kolisnet)에서 이용하실 수 있습니다.(CIP제어번호:CIP2014014418)